晚 年 优 雅

[美] 托马斯·摩尔 (Thomas Moore) ············ 著

李荣 ············ 译

Ageless
Soul

武志红主编

可以让你变得更好的心理学书

北京联合出版公司
Beijing United Publishing Co.,Ltd.

图书在版编目（ＣＩＰ）数据

晚年优雅 / (美) 托马斯·摩尔著；李荣译. -- 北京：北京联合出版公司, 2019.8
（可以让你变得更好的心理学书）
ISBN 978-7-5596-3103-9

Ⅰ.①晚… Ⅱ.①托… ②李… Ⅲ.①心理学—通俗读物 Ⅳ.①B84-49

中国版本图书馆CIP数据核字(2019)第063403号

Copyright © 2017 by Thomas Moore
Published by arrangement with Zachary Shuster Harmsworth LLC, through
The Grayhawk Agency.
Simplified Chinese Edition © 2019 Beijing ZhengQingYuanLiu Culture
Development Co., Ltd.
All rights reserved.

北京市版权局著作权登记号：图字 01-2019-2402号

晚年优雅
Ageless Soul

著　　者：［美］托马斯·摩尔
主　　编：武志红
译　　者：李荣
责任编辑：郑晓斌　徐　樟
封面设计：季　群
装帧设计：季　群　涂依一

北京联合出版公司出版
（北京市西城区德外大街83号楼9层　100088）
北京联合天畅文化传播公司发行
北京中科印刷有限公司印刷　新华书店经销
字数200千字　640毫米×960毫米　1/16　20.25印张
2019年8月第1版　2019年8月第1次印刷
ISBN 978-7-5596-3103-9
定价：45.00元

一本好书，一个灯塔

| 武志红 |

　　今年，我 44 岁，出版了十几本书，写的文章字数近 400 万字。并且，作为一名心理学专业人士，我也形成了对人性的一个系统认识。

　　我还可以夸口的是，我跳入过潜意识的深渊，又安然返回。

　　在跳入的过程中，我体验到"你注视着深渊，深渊也注视着你"这句话中的危险之意。

　　同时，这个过程中，我也体验到，当彻底松手，坦然坠入深渊后，那是一个何等美妙的过程。

　　当然，最美妙的，是深渊最深处藏着的存在之美。

　　虽然拥有了这样一些精神财富，但我也知道苏格拉底说的"无知"之意，我并不敢说我掌握了真理。

　　我还是美国催眠大师米尔顿·艾瑞克森的徒孙，我的催眠老师，是艾瑞克森最得意的弟子斯蒂芬·吉利根，我知道，艾瑞克森做催眠治疗时从来都抱有一个基本态度——"我不知道"。

只有由衷地带着这个前提，催眠师才能将被催眠者带入到潜意识深处。

所以我也会告诫自己说，不管你形成了什么样的关于人性的认识体系，都不要固着在那里。

不过，同时我也不谦虚地说，我觉得我的确形成了一些很有层次的认识，关于人性，关于人是怎么一回事。

然后，再回头看自己过去的人生时，我知道，我在太长的时间里，都是在迷路中，甚至都不叫迷路，而应该说是懵懂，即，根本不知道人性是怎么回事，自己是怎么回事，简直像瞎子一样，在悬崖边走路。

我特别喜欢的一张图片是，一位健硕的裸男，手里拿着一盏灯在前行，可一个天使用双手蒙上了他的眼睛。

对此，我的理解是，很多时候，当我们觉得"真理之灯"在手，自信满满地前行时，很可能，我们的眼睛是瞎的，你走的路，也是错的。

在北京大学读本科时，曾对一个哥们儿说，如果中国人都是我们这种素质，那这个国家会大有希望。现在想起这句话觉得汗颜，因为如果大家都是我的那种心智水平，肯定是整个社会一团糟。

这种自恋，就是那个蒙上裸男眼睛的天使吧。

© 2006 Steven Kenny

　　所幸的是，这个世界上有各种各样的好书，它们打开了我的智慧之眼。

　　一直以来，对我影响最重要的一本书，是马丁·布伯的《我与你》。

　　我现在还记得，我是在北大图书馆借书时，翻那些有借书卡的木柜子，很偶然地看到了这个书名《我与你》，莫名地被触动，于是借阅了这本书。

　　这对我应该是个里程碑的事件，所以记忆深刻，打开这个柜子抽屉的情形和感觉，现在还非常清晰，好像就发生在昨天。

这一本书对我触动极大，胜过我在北大心理学系读的许多课程，我当时很喜欢做读书笔记，而且当时没有电脑，都是写在纸质的笔记本上。我写了满满的一本子读书笔记，可一次拿这个本子占座，弄丢了，当时心疼得不得了。

不过，本子虽然丢了，但智慧和灵性的种子却种在了我心里，后来，每当我感觉自己身处心灵的迷宫时，我都会想起这本书的内容，它就像灯塔一样，指引着我，让我不容易迷路。

那些真正的好书，就该有这一功能。

在《广州日报》写心理专栏时，我开辟了一个栏目"每周一书"，尽可能做到每周推荐一本心理学书，专栏后来有了一定的影响力，常有读者说，看到你推荐一本书，得赶紧在网上下单，要是几天后再下单，就买不到了。

特别是《我与你》这本书，本来是很艰涩的哲学书，也因为我一再推荐，而一再买断货，相当长时间里，一书难求。

现在，我和正清远流文化公司的涂道坤先生一起来策划一套书，希望这套书，都能有灯塔的这种感觉。

我和涂先生结缘于多年前，那时候涂先生刚引进了斯科特·派克的《少有人走的路》。很多读者在读完后，都说这是一本让人振聋发聩的好书，然而在当时，知道它的人很少。我在专栏上极力推荐这本书，随即销量渐渐好了起来，成为了至今为人称道的畅销书。然而，那时我和涂先生并不认识，直到去年我们才见面相识，发现很多理念十分契合，说起这件往事，也更觉得有缘，于是便有了一起策划丛书的念头。

我们策划的这套丛书，以心理学的书籍为主，都是严肃读物，但它们都有一个共同点：作为普通读者，只要你用心去读，基本都能读懂。

并且，读懂这些书，会有一个效果：你的心性会变得越来越好。

同时，这些书还有一个共同点：它们都不会说，要束缚你自己，不要放纵你的欲望，不要自私，而要成为一个利他、对社会有用的人……

假如一本书总是在强调这些，那它很可能会将你引入更深的迷宫。

我们选的这些书，都对你这个人具有无上的尊重。

因为，你是最宝贵的。

我特别喜欢现代舞创始人玛莎·格雷厄姆的一段话：

有股活力、生命力、能量由你而实现，从古至今只有一个你，这份表达独一无二。如果你卡住了，它便失去了，再也无法以其他方式存在。世界会失掉它。它有多好或与他人比起来如何，与你无关。保持通道开放才是你的事。

　　每个人都在保护自己的主体感，并试着在用各种各样的方式，活出自己的主体感。只有当确保这个基础时，一个人才愿意敞开自己，否则，一个人就会关闭自己。

　　人性的迷宫，人生的迷途，都和以上这一条规律有关，而一本好书，一本好的心理学书籍，会在各种程度上持有以上这条规律，视其为基本原则。

　　可以说，我们选择的这些书，都不会让你失去自己。

　　一本这样的好书，都建立在一个前提之上——这本书的作者，他在相当程度上活出了自己，当做到这一点后，他的写作，就算再严肃，都不会是教科书一般的枯燥无味。

　　这样的作者，他的文字中，会有感觉之水流，会有电闪雷鸣，会有清风和青草的香味……

　　总之，这是他们真正用心写出的文字。

　　每一个活出了自己的人，都是尚走在迷宫中的我们的榜样，而书是一种可以穿越时间和空间的东西，我们可以借由一本好书，和一位作者对话，而那些你喜欢的作者，他们的文字会进入你心中，照亮你自己，甚至成为你的灯塔。

　　愿我们的这套丛书，能起到这样的作用：

　　帮助你更好地成为自己，而不是教你成为更好的自己，因为你的真我，本质上就是最好的。

当你老了，希望你也能拥有优雅的灵魂

| 武志红 |

年龄，是一个尺度，可以来丈量你的人生的尺度。

我迄今为止写过的唯一一首诗，是因为年龄，或者说变老的趋势，而带来的。

那是 2013 年的一天，我起床后照镜子，发现两根白发，然后洗澡时，热水从头上流下来，突然有触动，心中涌出了这样的句子：

你封闭自己

以为锁住了无常

日复一日的程序行为，制造着轮回

你，宛如自己命运的主人

岁月，不经意间爬上眼角、额头和鬓角

你惊醒

最大的悲哀，是尚未活过

这是时间带来的深刻觉知。因为有了这样的觉知，我感谢年龄和衰老，因为假如没有白发带来的焦虑，我可能就不会有这种觉知，也许就会一直按照本来的方式活下去，而那样的话，活上一万年，甚至永生，都毫无意义，因为一直都是在一个很狭窄的范围内简单地轮回着。

衰老的背后，是死亡。当意识到人生有终点时，人才会深刻反思：我该如何度过自己这一生。

如果没有死亡和衰老，就可以随意浪费时间了。

看到《晚年优雅》这个书名，我不由得想到：当我老了，我会怎样？

有一首歌叫《当你老了》，我特别喜欢莫文蔚和费玉清合唱的那一版，美妙的和声，触动内心：

当你老了，头发白了

睡意昏沉

当你老了，走不动路了

炉火旁打盹，回忆青春

多少人曾爱你青春欢畅的时辰

爱慕你的美丽、假意或真心

只有一个人还爱你虔诚的灵魂

爱你苍老的脸上的皱纹

　　费玉清说，这首歌里面的词句，真的写到我们这些稍微成熟一点的人的心坎里。而最打动我的，是它呈现出的意境：一位白发苍苍的老人，眼眉低垂，坐在炉火旁打盹，晃动的灯火，映照在他／她苍老的脸上，满是皱纹。

　　出生，成长，老去，本是生命的历程。但是很多人却很忌讳说"老"，因为人们感觉，变老是一个强行被剥夺的过程——我们的青葱岁月，乌黑的头发，以及美丽的容颜，都会被时间无情地夺走，只剩下一个衰弱的肉身。伴随这样的剥夺，很多人觉得自己没有了价值，于是变得愤怒、沮丧，甚至抑郁。

　　北京的一位合作伙伴给我讲过一件事，他有个朋友是一家单位的领导，退休之后，发现之前围在身边的人都不见了，甚至有时人们明明看到了他，也会直接越过他，与后面的人打招呼。他为此变得十分忧郁："我倒希望自己是一把枪，至少还能被人利用。"

　　这并不是最极端的案例，还有人因为受不了退休后的冷清，整天郁郁寡欢，健康每况愈下，仅仅半年就溘然长逝了。

　　击垮这些人的，并非是退休本身，而是因为变老而带来的各种外在变化——荣耀的退去，话语权的丧失，自身形象上也不复往日风采。但正是因为他们太在乎自己的外在是否隆重，没能及时丰盛自己的内心，所以才无法应对不可阻挡的岁月流逝。

　　生命除了肉身，还有灵魂。变老是对肉身的剥夺，却也是在淬炼灵魂。我们的身体确实在衰老，但是智慧、灵魂和对生命的理解与感悟，却可以随着年龄而日渐强大，让我们最终有能力接受衰老的事实，坦然面对生命。这种心智跟随身体一起成熟的过程，是一个人的终极成熟，即使满脸皱纹，却因此有了最虔诚的灵魂。

　　每个人都会变老，但不是所有人都能变成窖藏的老酒，在时光中越发醇香。很多人的一生寡淡得如同一杯白水——他们经历过，但未成长过；他们年龄渐长，却未曾长大过；他们生活过，却从未被生活触动过；他们看不见自己的灵魂，更不可能淬炼灵魂，拥有晚年的优雅。

　　淬炼灵魂，很像心理学家荣格所说的"炼金术"，淬炼的原材料就是我们的生活经历，而淬炼的方法则是回忆与反省，淬炼的目的是为了得到一个金子般纯粹的自我。

　　我们的一生，其实都是在这样的淬炼中度过的。任何人的生活都不是一条直线，而是一系列台阶，每一个台阶都有可能持续很久，需要反复回忆和反省，才能拾阶而上。正如爱默生所说："只有灵魂才能理解灵魂，外部事件，只不过是它身披的飘逸长袍……灵魂的升华不是循序渐进，如同直线运动那般，而是通过境界的提升，如同蜕变——从卵到幼虫，然后从幼虫到长有翅膀的昆虫。"

　　我在读研究生时，得了中重度的抑郁症。在很多人看来，这应该是段不幸的经历，但正是浸泡在抑郁之中的那两年，让我的生命实现了一种在黑暗中窖藏的状态。两年后，我内心很多拧巴的东西都变得柔顺起来，于是自愈。

回忆和反省那两年，我意识到：抑郁其实是在淬炼我的灵魂。

心智不经磨难，就不会成熟；灵魂不经淬炼，就不会呈现。而《晚年优雅》这本书，让我们看到了变老的另一种模式——接纳变老的事实，让灵魂经受淬炼。

我很喜欢书中一位诗人的话："我听说人们将会忘记你说过的话，忘记你所做的事，但永远不会忘记你带给他们的感觉。"这说法并非凭空而来，很多有过濒死体验的人都说，自己在生命将逝的时候，会快速闪回一生中最难忘的瞬间，然而闪回的并非是清晰的事件，而是自己曾经的感觉——那些极富冲击力的、调动了自己最大悲喜的感觉。

感觉是灵魂的语言，而灵魂是所有感觉的淬炼。

晚年应该优雅，也完全可以优雅。而晚年优雅的关键，就是在淬炼中让灵魂不断成熟，成熟到可以安然接受死亡。

乔布斯曾说："死亡是生命最伟大的发明。"在我们学会接纳死亡的过程中，我们的内心会变得成熟、宽广、丰富和深刻。我一直觉得，生命最大的意义就在于流动，优雅的老人，可以坦诚面对生命的流动，洒脱放弃该放弃的。他们会坐在炉火旁回忆青春，但不追悔青春；会热爱生命，但不执着于生命，会深知在生命的长河中，万物皆流。

诗人爱丽丝·豪厄尔的诗句，正描绘出了如此境界：

你什么也抓不住

松手放下

撒下来的是种子

落地生根

就在不久前，我又去了趟南极，同行有几位老师的年龄都已过了七十岁，但我却能感受到，岁月有些非常有力度和深度的东西沉淀在他们身上。我想，这应该就是晚年优雅。我也相信，他们的豁达与智慧都不是一朝一夕而成，必然经历过在孤独中穿行，洞悉命运，千淬百炼，最终活出灵魂。

《百年孤独》的作者加西亚·马尔克斯写过一个故事，叫《巨翅老人》。故事里的老人长着巨大的翅膀，但这对翅膀却满是寄生的藻类和被台风伤害的巨大羽毛。人们因此轻视他、嘲弄他甚至虐待他。但有一天，他的眼睛重新明亮起来，翅膀上再度长出丰满的羽毛，他努力拍动翅膀，终于飞上了天空。

这个故事中的老天使，多么像《当我老了》中那位在炉火旁打盹的老人，睡意昏沉，安详静谧，他们用一生的故事，沉淀出了这份安静，也洁净了自己的灵魂，肉身虽已蹒跚，思想却在无涯地驰骋。每个老人，其实都是一位老天使，拥有着自己的天使之翼，他们在岁月淬炼中，羽化翩跹，让人生实现了不断升华。

希望我们每个人，都能在优雅中变老，走出一生，灵魂越发美好纯粹。

目录

CONTENTS

第三部分
优雅老去

第四部分
拥抱未来

| 序言

只有在物质世界，年龄才具有现实意义。时光的流逝带不走人类的本质。内在的生命是永恒的，也就是说，我们的精神永远年轻、充满活力，就如我们芳华正茂时那样。

——加西亚·马尔克斯《霍乱时期的爱情》

冬末禅园。年轻的建筑系学生将地上的落叶耙拢在一起，随后将其用油布包住扎起来，远远地放在了一边。

马路对面的长凳上坐着一位僧人，默默地看着学生，然后站起来走向学生。

"你打理得不错。"僧人说。

"是吗？"学生回应道，"你也这么认为？"

"但是，缺少了一样东西。"僧人说。随后，他径直走向包着落叶的油布，解开，任落叶散落在禅园，顿时禅园一片零落。看着这一切，僧人微微一笑。

"美极了！"僧人说。

日式美学中有一个词，叫侘寂，意为残缺破裂、古旧衰败都是一种美。对于现代人来说，这并不难理解。很多人觉得家具上油漆剥落褪色，有着凹坑刮痕是种美。

讨论"时光流逝"和"不老的奥秘"这两个人类基本现象时，用侘寂做比喻恰如其分。

无人可以阻挡年老的到来，每个人随着年岁的增长都会出现"凹坑和刮痕"。将之紧紧裹住不被人看到，这是很多人面对年老的态度，但是裹住之后，窒息感、束缚感随之而来。

落叶随风吹的样子美极了。谁会在意落叶发黄了呢？谁会介意这落叶上的虫洞呢？每个人看到的只是自由年轻的精神。欲得自由，就要学会欣赏与接受当下的老去之美。

作为一位心理治疗师，鼓励人们活在当下，是我能给予的最好帮助。但我并不是指要接受那些需要改善的坏局面，比如婚姻暴力，也不是指放弃或屈从。如果一个人总是深陷困境，却不知道自己究竟处于何种处境，最终注定会失败。

比如，一个女士总说要脱离婚姻，因为她觉得忍无可忍。但是年复一年，她还是纠缠在支离破碎的婚姻中。家人朋友都劝她离开，这反而使她无法做出决定。我感觉到她需要真正深入了解自己的处境。我告诉她，我并非支持她离婚，仅仅想帮她梳理一下她的处境。最后，她不再抱怨、回避，低调地离了婚。她告诉我，对这个决定她别提有多高兴，并对我的帮助表示了感谢。其实我所做的，不过就是在她漫长而又痛苦的做决定过程中与她同在，让她看到自己真实的困境。

年岁渐增也是如此。如果阻挠它、抱怨它的不利之处，你也许会余生受苦，因为年龄只会增加，不会减少。如果能接受这一事实，你将会像孩子一样快乐，为老去打下一个良好的开端和基础。你也可以试着改善晚年处境，但不要沉湎于往日金色年华的回忆中，也不要向往另外一种未来。就让落叶覆盖你的完美理想，铺就你人生的丰美。

一生中，我追随过很多导师，在貌似平凡的经历之中、耐人寻味的故事和神话里，探寻永恒的主题。我们并非是听任时间宰割之人。我们进入一个神秘美妙的过程中，见证永恒不变的自我，见证随着时光的流逝而浮现出来的灵魂。这意味着，你在走向优雅老去，而非消遣时光——慢慢你会看见原初的自己。优雅老去是一件你主动去做的事，而不是自然发生的事。 如果你真正成熟，你会成为一个更好的人，优雅老去。相反，任由自己被动地老去，你会变得更糟糕。当你继续与时间做无效斗争时，你会变得不快乐。

我们倾向于将时间看成一条线，如同生产流水线的传送带一样，均匀地前移，但是人生并不是如此匀速单一。拉尔夫·爱默生说过一句简单的话，可以改变你看待变老的方式：

"灵魂的升华不是循序渐进，如同直线运动那般，而是通过境界的提升，如同蜕变——从卵到幼虫，然后从幼虫到长有翅膀的昆虫。"

境界的提升即状态的质变。这种提升或质变是一系列的蛰伏、启程，以及不同的旅程。人生不是直线，而是一系列的台阶，拾级而上，每一种状态都可能会持续多年。通常，新级别的质变、提升是由某种不同寻常之事激发而成，比如疾病、一段关系的结束、失业或搬家。

当我回顾自己的成长，我注意到那些生命中的特殊时刻：只身前往教会学校求学、结束修道院生活、被大学辞退、结婚、离婚、女儿出生、作品大卖、经历各种手术。每个时刻都是人生的不同台阶，但每一个阶段都会持续很久，在这之中，我们成长并且变得成熟，而灵魂由此而诞生。

优雅老去还包括：当你从一个阶段质变到另外一个阶段，你并没有将以往经历的那些阶段完全抛在身后。它们不会消失，而总是在那儿，成为你的一部分。有时这会使生活变得复杂，但也增添了丰富感，将自己少年、青年以及中年人的经历汇集其中。甚至你的人格，或更深点儿，你的灵魂，都是由不同的年龄段和成熟度组成。据此，你成为一个多层次的人，同时具有不同的年龄特质。横穿所有这些层面的是一个相对应的法则：某一部分的你还未被时间粉刷干净。

成熟老去意味着什么？

"成熟老去"，是指在时间的变迁中，人格变得越来越完善，而你也愈加成为自己。这使我联想起奶酪和葡萄酒，它们经由时间的发酵而变得更好。我们将它们置于深土之中，直到时间让它们质变成熟。时间使它们进化，就如同看不见的炼金术，时间改造并赋予它们醇厚的味道和芳香。

成熟老去大概如此。如果允许生活塑造你、改变你，随着时间的推移，你会成为一个更丰富而有趣的人。这就是奶酪和葡萄酒式的醇化。这意味着，你人生的唯一目标就是成熟老去，成为原初的自己，潜在的天性从而显现。这意味着，当下的你在为了成功和生活而忍受焦虑、努力工作之时，你的这个现实自我，也应把眼光放长远，多想想你的人生目的、你的原初自我、你的灵魂。

这种思考方式意味着，更深层面的成熟会在人生途中任何时间发生。也许 35 岁时，有了某种经历，感悟到某些真谛，或遇见某位高人并在其帮助之下进一步提升，你会变得成熟。你从此踏入更高台阶，富有活力，与世界建立了密切关系。

老而不醇

有些人年岁不小，但和世界的互动方式却依然不成熟。他们关注的只是自己。他们没有同理心和社会意识。他们也许依然受制于早期生活埋下的怒气和其他负面情绪。他们经历过但未成长过。他们生日年年过，却未曾长大过。

作为一个作家，我时常遇见一些人，他们不愿费心于变得成熟这一艰难过程。一位很有抱负的作家有意请我看看她的书，我读了一些，感觉文字还没成熟，传递不出思想性或艺术性。我对那位女士说，也许写作指导书或语法书会对她有帮助。她觉得自己的能力遭到了质疑。她对我说，她在一个写作研习班学习，授课者许诺不讨论基本知识，只注重能够使书籍出版的技巧。

写作班的网站申明："我们不会教授乏味的基本技能，但会让你学到获得一个成功写作事业的技巧。"我感觉这和走向成熟背道而驰。无论你做什么，都需要打下基础。你不可能跳过这一过程就跃身进入凯旋门。用爱默生的话来说，你无法不经历挑战就从一个境界升入另外一个境界。你必须做足功课。

人生经历的影响作用

优雅老去，光有经历还不够，你还得受其影响。如果你一路走过，却从未被触动过，你也许仍未开悟，也不会对正在发生之事进行思考。你过得安逸，或麻木不仁，或你的心智不足以理解你身上到底发生了什么。有些人喜欢头脑空泛、无拘无束的感觉，不喜欢作为圆满之人的凝重。

那些拥抱人生，参与到世界中的人，从青葱岁月至白发苍苍，每走一步都会成长。 你也许只有六个月大，但某件事的发生开启了你作为人的意识。你也许高寿九十九，决定跨越一步，用心去生活。也许你认为自己年龄太大，不会再成长了，但是变得成熟没有年龄限制。永远不成熟，就如同你停滞在了人生的某一阶段。我非常喜欢古希腊著名哲学家赫拉克利特的一句哲理："万物皆流。"

我永远也不会忘记某天冲进我治疗室的一位年近七旬的女士，她告诉我她受够了。她出生于笃信宗教的家庭，自记事起，她就从来没觉得自己足够好。无论多么努力，她都觉得自己是个罪人。她也意识到，自己对丈夫很苛刻，连他的小小乐趣她都要抱怨。她一直都反对饮酒、跳舞、运动，甚至快乐。

"但这一切都结束了，"那天她说，"我如今再次见到光明，这是不同的人生。我不再逃避，也不再谴责我丈夫。我准备让自己活得好也让别人活得好。"

我相信，此刻这位女士开始以积极的方式走向成熟，不再受控于狭隘的家庭观。她成长为成人，不再被儿时的苛求控制。"我从前一直只有 5 岁，"她说，"如今是个成年人。"

和家庭旧有的观念分离，是走向优雅老去的关键。很多人到成年仍未实现这一点，并为此付出了巨大的代价。从各个方面来看，他们长大成人了，但在感情生活里，他们也许只有 5 岁或 12 岁，或 23 岁。

人们也许在六七十岁时，才决定挣脱父母所带来的影响。多年来，他们一直对成长麻木不仁，但是一旦懂得这到底是怎么回事，就会感觉重获新生。

走向优雅老去的喜悦

诚实地面对老去的不利之处，也要对老去之喜悦持积极心态。如果你发现年华垂暮令人沮丧甚至吓人，或讨人厌，也许你需要稍稍调整一下。这样你就可以于晚景中发现有意义之处。你可以进一步探寻并领会落叶的禅意——逆境彰显顺境之美。你成为一个真正的人，有着自己的判断，对人生有独特的见解和价值观。

如果你对人生的转折点接纳、包容，无论它是正面还是负面的，你的灵魂都会盛放。它会在你内里一直循环往复。我们和他人都会以某种神秘的方式共享人之为人的体验，依照很多传统的说法，这种体验之深是因为我们都有灵魂。

有些人没有这种开阔的自我感，也无法和他人建立良性关系。他们更像是机器而非人类。如今，专家们总是对经历做没有思想深度的诠释，人们也很轻易就形成了没有思想深度的自我感。如此一来，一旦他们有了真正的经历，甚至有了对经历的真知灼见，他们会鲜活地投入生活。一旦他们发现灵魂的存在，他们就会活得和以往不一样，并对自己有完全不同的认识。

灵魂不是一个技术或科学术语，它是古老的词，根植于一呼一吸活着的目的中。当人们咽气之际，嗖地，某样东西就一下没了，那是生命和人格之源，那消失不见的就是灵魂。它深躺于人格、自我、意识，以及一切可知之事的下面。因为它的广度和深度，只有运用心理学以及有灵性的思维模式才能读懂它。

不滋养灵魂，就无法成熟，无法优雅老去。你也许会感觉到自己就像社会这个大机器里的一枚小小螺丝钉，无足轻重。也许你也在试着改善，但不产生深度觉醒，就不会将你和世界连接起来。当你真正的成熟，专注而投入，尽情与世界发生连接，你就发现了人生的意义和目的。对学习和经历持接纳包容态度，尤其当你感觉自我的种子在拔节生长，在欣然怒放，人生在日趋完善时，走向成熟、优雅老去就会是一种喜悦的经历。

老去只是一种人生仪式

Ageless Soul

第一部分

　　老子说："世俗之人都聪明自炫，唯独我这样愚钝笨拙。"这正是我步入老年之后的感受。博闻多识、阅历丰富的人具有超常洞察力，老子正是这样一个典范。在晚年，他渴望回归自我，返璞归真，超凡入圣。

——卡尔·荣格

第一章

变老的初体验

当我们觉得青春易逝时，便会体会到初老的感觉。"老了"不再是时间意义上的年龄概念，更多的是社会以及心理层面上的感受。

——曼弗雷德·迪尔《主观衰老和衰老的意识》

年轻时，你觉得生活就像无限量的元气，这股元气让你纵情欢乐，且从不把年龄放在眼里。突然有一天，你发现运动后浑身僵硬酸痛，不能像以前那样蹲下后毫不费力地站起来，额头上已然有了皱纹而且新的还在出现。与此同时，周围的人对你的态度也变了。他们主动帮你，关心你的健康，并对你说："你看起来很年轻！"言外之意是："像你这个年龄，保持成这样真的很不错了！"

30 岁的时候，我从未把年龄当回事儿。40 岁的时候，我第一次意识到自己是一个需要拿着保温杯的油腻中年人。50 岁的时候，我终于意识到自己真的老了，因为总有人称呼我"老人家"。虽然，我此时身体健康，丝毫没有衰老的迹象。60 岁时，面对即将到来的生日，我突然有些恐惧，很难接受自己步入 60 岁的事实。看到邻居在过 40 岁生日，我突然好想年轻 20 岁。

说起老之将至，我想起了我的朋友、著名的心理学家詹姆斯·希尔曼。

詹姆斯是苏黎世荣格机构培训项目的负责人，在这个视荣格的每句话为真理的社团，詹姆斯以自己的方式，在他认为合理的地方对荣格的话进行修正。他是个具有创新思维的思想家，总是颠覆大家熟知的那些经典思想，并且充满激情地对生活的点点滴滴赋予意义。他不建议将心理治疗局限于只和个人潜意识思维过程有关的范畴。在晚年，他对世界的灵魂非常感兴趣，并且写了很多篇富有感染力的文章，内容涉及运输、政治、城市规划、种族主义、建筑，以及性别问题。

就是这样一位敢于挑战、勇于创新的心理治疗师，在 60 岁时举行了一场盛大的生日派对，来庆祝这个生命的转折点。他告诉我，他想要警醒自觉地步入老年，而非任时光如流水般逝去。在康涅狄格州的花园空地上，他搭建了个小型舞台，来了一场才艺秀，还饶有兴致地和大家一起烤肉。几个朋友进行了才艺表演，而他则亲自给我们秀了一段活力四射的踢踏舞。

但生日过后，他依然精力充沛，工作富有成效，并无任何衰老的迹象。我觉得，他那天举办的声势浩大的生日派对有些为时过早，他并不老，也许对他来说，60岁只是个非常重要的纪念日。也许，在他的潜意识里，举办生日派对只是想将年龄定格于此。

在我65岁时，发生了一件事，这件事促使我开始认真看待"老"这件事。当时我在旧金山举行图书巡回展，爬陡坡时，总是感到背部钻心地痛。到了西雅图后，即使走在平坦的大街上，我也能感觉到背部的刺痛，走到街角时感觉天旋地转，拼命地扶住了一根柱子才站稳。我以为是前两次巡回展时感染的肺炎又犯了，结果回到家里，医生检查后，怀疑是心脏问题，安排我去做压力测试检查。

检查结果表明，我的某个主动脉堵塞很严重。医生用精细的器械清理掉了堵塞，两个管状移植片固定膜植入动脉。整个手术过程不吓人也不痛苦，但回到家躺在舒适的安乐椅里，我立刻觉得土星①就坐在我胸口上，人也有些抑郁。但同时，我也意识到，老之将至，时光无多。接纳了这个事实后，我心境坦荡，抑郁也就消失了。妻子说我变了，变得柔软了。

即使是10年后的现在，每每想起那段时光，我都觉得那是

---

① 土星在占星术的星盘中代表着衰老、男子。大多数人谈到土星，往往都觉得自己老年将至，悲伤之情油然而生。

我人生的转折点。从那时开始，虽然身体器官在老去，但因为心境坦荡，整个人状态很好，人也变年轻了。无论是在家庭还是事业上，我依然充满活力，意气风发，没有力不从心之感。

身体老去但状态良好，这一切也得益于运动。我爱打高尔夫，每次打高尔夫，我都全然投入，浑身轻松。身心愉悦的同时，创造力也迸发出来。很多次打完球，灵感涌动，这些灵感让我写出了一个又一个富有人性的故事。

感觉到自己年事已高但依然心态年轻，这就是优雅老去的标志。既老又年轻，这两种状态让我获益匪浅。和想要保持与年龄不相吻合的年轻态相比，优雅老去让我的心态更为平和。所有心比天高的英雄情结似乎都淡化了。

这种淡化会让人在心态上变得更为成熟与坦荡。而成熟的意识，是分阶段浮现出来的。你首先隐隐地感觉到点儿什么，然后这些迹象逐渐明显，直到你觉得芳华已逝。心理学称此为"主观老化"，我认为这是灵魂的成熟。

飞逝的青春

在我们还没有意识到的时候，青春已然转瞬而逝。年轻时，我们总以为青春长得看不到头，而年老很遥远，所以，当我们开始察觉到自己年老时，就会频频回望青春，迟迟无法接受自己已步入老年的事实。

　　每次听到有关英年早逝的神话，我们都会感叹不已，感慨万千。希腊神话中，伊卡洛斯披上父亲代达罗斯为他做的翅膀，飞天升空，结果太阳将他的翅膀熔化了，他从高空坠下，落入海中。青年法厄同驾驶父亲太阳神的战车，却没能控制好，在空中被强烈的闪电击死后掉了下来。

　　生活中大家熟知的年轻人的离世，同样会使我们感到生命的短暂与无常。

　　我女儿的一个朋友前年去世了。他年轻而又才华横溢，在一次徒步旅行中，意外掉下悬崖，与世辞别。两年过去了，不仅身边的人依然无法从悲痛中走出，整个社区的人提起他都不胜唏嘘。

　　人生无常，在你以为可以顺风顺水的年龄，总会有各种无法预期的事情发生。所以，人的心态要保持适度平衡。因为，爬得越高，就会摔得更痛。在心理上，尽量保持既年轻又成熟的心态，内心的成熟可以防止自我飞得过高，而富于进取的年轻心态可使我们乐于探险，不因年老而放弃。

　　20岁时，我还是个音乐系学生，我的音乐教授唐纳德·詹尼和伊卡洛斯很像，年轻而富有才华。既可以教授音乐，也可以阅读外文文学原著，甚至可以做越南语翻译。同时作为一个音乐天才，他的乐感远远超出常人。我有时会想，我没有在音乐领域发展，是因为有这样一位天才教授让我感觉音乐是我这辈子无法企及的高峰。

唐纳德代表了神话里的天才少年。但是和那些天才少年相比，他从不好高骛远。尽管能力超群，在学习上却极为自律。虽然他看起来有些许傲气，但是本人极为谦逊。我和他做了六年的朋友，但在心态上我无法赶上他。

到了晚年，虽然依然才气逼人，但他依然像年轻时一样谦逊。作为教授，他在教育和艺术领域做出了卓越的贡献，深受学生的欣赏和爱戴。

我之所以提到他，是因为他天生就具有年轻的精神特质，而且他能够将年轻人的创造精神和成熟人的品质结合起来。我相信，你也能做到这点。

不以老为理由放弃冒险的精神，认真对待你的愿景，努力去实现它。唐纳德的梦想鼓舞他勤奋好学，做好学术研究，并为有挑战性的演奏会全力以赴。

你可以不必是天才，但应具有年轻精神（youthful spirit）。尽早去培育年轻精神，这需要认真的劲头，全然的投入，卓越的交际能力，敢于做难度系数较高，甚至是重复又无趣的事情。当变老的初体验到来时，你可能会为此担心，但同样也会为之欢喜。变老会赋予你很多，且能够为余生提供养分，你年轻时纵情欢乐而忽略的那一半人生，也会受益很多。

初老的感觉，也许会使你第一次意识到，青春竟然会稍纵即逝。正值青春时，你并未意识到这一点，但是现在的你突然觉得青春只能回望了，你比以前更明白青春为何物。

深思这一主题时，我正在参加一个街坊派对，排队等百乐餐②。这时，前面的男士跟我打招呼，我注意到他额角的头发已发白，妻子却看起来很年轻。我告诉他我正在写一本和老去有关的书。他立刻皱了皱眉，说："我今年45岁，最近才意识到，我真的老了。我决定健身，这样的话，当我老了的时候，我身体依然很好。我必须注重饮食和锻炼，并趁青春尚在的时候，好好享受美好的时光。"

很明显，眼瞅着青春逝去华发早生，他极度不安，急于想做些什么，尽可能挽留它。不过，他有些用力过猛。

我们试图"让年龄停止增长"，别人说什么能保持青春，我们就去做什么。但是，也许接纳年龄渐增的同时珍惜青春更能让青春留住。我的这位餐伴试图阻止老去的进程，他偏爱青春，要打败苍老。也许他忘了，青春也有美中不足之处。

还是在那个派对上，我和老朋友盖瑞有一番长谈。我们看待人生的方式很相似，时常交换看法。盖瑞很想知道，当我们退休，钱也没了时，我们能做些什么？因为我们还没有对地球，或对居住在地球上的大部分人做些什么。"是的，"我说，"我们还没有开始为老去做准备，在我的养老理念里，我们没有'往好里老'。我们没有好好地成长，也不会理智地处理我们面对的问题。我们自认为，未来将会自动变好。"

---

② 百乐餐：每人自带一个菜的家庭、街区、社区、同学或单位的聚会。也称家常便饭，因为大家随意带自认合适的饭菜。

老去的阶段性

老去是分阶段的，所以人总是慢慢意识到自己在变老。变老的初体验，是这一过程的开始。首先你注意到头上长了几根白发，又或者不能像以前一样快走或奔跑。你有些担心，但此时你并没有完全老去。慢慢地，你注意到其他老去的迹象：和人交谈时，你对和老去有关的话题很敏感；生平第一次，你开始猜测朋友的年龄，开始推算夫妻间的年龄差距。当你开始有了这些想法，并无法摆脱时，你就知道，老去已经成了你的一个问题。

不同文化和时代，对老年的定义并不相同。今天很多人说，60岁是老年的开始，也有很多人认为70岁才算真正的老年。其实，对老年的划分比这更复杂。每一个人在临近老年时，都有与他人不一样的感觉。而且，人在不同的生活阶段，以及不同的境遇中，会在变老和变年轻之间切换。有时会觉得自己更年轻了，有时却觉得自己更老了。如此，反反复复。

写这本书期间，我在和一群精神病专家讨论。当主持人谈起我时，总带着尊重的口吻称我为我这一领域的长者。这是第一次，有人这么称呼我，我觉得很吃惊。也是我第一次尝到了什么叫老。作为回应，我假装幽默客气了下。

我以为自己能从容面对老去，但听到"长者"这个词，我还是很不舒服，我知道我还需要自我调整。如果进入老年的另一阶段，我是不是还会有其他的感觉呢？我的朋友、医生乔尔·埃尔克斯告诉我，他迫切地希望百岁大寿快快到来，这样他就不再为年龄操心了。当父亲庆祝百岁大寿时，他似乎很喜欢生日派对，但是我可以感觉到，这之后，他很高兴又回到了日常生活中。老去是人生的事实，你要尊重它，对它做出反省，但是你不必为此过于纠结。

优雅老去的各个阶段

虽然可以用很多种方式界定老去的各个阶段，但就本书的目的而言，我认为走向优雅老去有以下五个基本阶段：

1. 感觉永不会老。
2. 变老的初体验。
3. 进入成熟阶段。
4. 优雅老去阶段。
5. 乐知天命，晚年优雅。

年轻时，你不会把年龄放在心上，也不会细想人生的终点。初次体会到老，会让你感到震惊，觉得青春所剩无几。接下来，你会慢慢体会变老的渐进过程，随之，你形成了自己的生活模式，成为另外一个人。等到第四阶段时，你渐渐意识到，在很多方面，你不再年轻，必须做多重调整和改变。最后，老年已成定局，你已经习惯它，就如同穿一件剪裁合体的外套。然后，你自认为已经是长辈了。随后的阶段里，你忘了年龄，应对年老问题如同处理家常，并且不再受制于他人的判断，形成了一种超凡脱俗的生活态度，很少在意他人的想法。

最近，一位 45 岁左右的同事告诉我，他觉得自己已经变老了：看书和报纸时，他不得不举到一胳膊那么远才能够看清上面的字。我能够感受到他的难过。其实，这就是变老的第一次体验，它将你关在青春年华的外面，使你意识到人生的弧度。导致的最终后果，也许不过就是调整一下处方药，买一副老花镜而已。但在更深的层面，无论这一变化对你来说多么微不足道，它都是一个人生仪式。

对于希腊人来说，赫尔墨斯是人生的伴侣，他用突袭帮助人们成长 ③。你每次对变老的体验，随之而来的那份内心的震动，都可能是赫尔墨斯的馈赠，那是踏入天命的一步，所带来的备受打击的感觉有助于你警觉地经营老年。没有这些打击，你也许仍然毫无意识地任时光流逝，不去反省，不去做些有建设性的改变。

当你觉得年龄不饶人时，很容易沉溺在变老的低落情绪

---

③　在希腊神话中，赫尔墨斯身怀偷窃之术，曾与众神开玩笑，偷走了宙斯的权杖、波塞冬的三叉戟、阿波罗的金箭、阿尔忒弥斯的银弓与阿瑞斯的宝剑。在这里，作者借用赫尔墨斯的行为告诉大家，人总会被命运突袭，总会有意想不到的事情发生。

中，此时应该珍惜余下的大好时光。这种初体验就是心灵的刺痛，它让你意识到，活生生的生活就在眼前，有些事已经发生了。你已经达到了一个不言自明的时刻，即年老的初体验。现在，你应该将人生看作一个更长更宏大的弧度，想象也许某些大的变化正在发生。

我们以前心安理得地认为，自己会永远年轻，而这种变老的初体验也许会让你备受打击，你会觉得有什么和以前不一样了。它是一个让人仔细调整心态的过程。这种触动也许类似电击感，使你不安。但是你无须为此束手待毙。用心记住这种感觉，继续享受余下的青春，尽可能延长衰老这一过程，而不是抵制它，直到生命的终结，如果可能的话。

前不久，我准备接受种植牙，换掉那颗70多年的乳牙。牙医说，这是他所见到的最老的乳牙。听他这么说，我并不觉得开心，尤其在一个比我小很多的男人面前。那天他比预约的时间晚到了一会儿，查看我的牙床之前，他指了指自己面颊上贴的一小片膏药。

"早上去做了一个切除恶性肿瘤的手术，"他慢慢地说道，"我才46岁，还很年轻，这对我来说太早了。我现在不能被阳光照射，得擦防晒霜……"这是初老的体验，我对自己说。启程时刻。一个大变化。得需要点儿时间才能适应。

这么说，就好像变老的初体验一定会在40多岁时出现。很早以前，我姨妈某天大哭不止。家里人试图安慰她，但是好久她才平复下来。变老的感觉让她倍受打击，那年她 16 岁。

女儿出生时，我和妻子在产房里抱着刚出生几分钟的她，我在想，她会变老，会面对挑战、疾病，当然还有死亡。我并非有意这样想，只是这些东西很自然地浮现在脑海里。这是一位父亲看女儿生命弧度的第一眼。

那一刻，想到这个小女孩必然会变老，我对她刚出生这一刻的喜悦和美好无比珍惜，我将这些感念收藏起来，25 年之后，我发现，我依然可以从这份记忆中获得快乐。

现在，我俩喜欢一起看家庭老电影，在影片里，她还是个小女孩，坐在宽敞无比、漂亮的浴缸里洗澡。她双脚交叉，躺在珍珠白的浴缸缸沿上。我看着窗外的风景。她问我最喜欢的动物是什么，奶声奶气的，这是那个年龄的小女孩所特有的。

我如此疼爱那个小女孩，我们在浴缸边一起享受这普通的时光带来的无尽愉悦。看家庭老电影使我们得以重温过去的单纯时光。我现在也如此疼爱她，但她的出生和那次洗澡提醒了我，也让我一次次地发现自己对她无尽的父爱。

在生活里，我们常将每件事的发生看作水平线形，将人类看作一个数字坐标图，从左至右，由零到百。我们视孩童为零，同时认为老年人不算作数，因此他们没有价值。

我们惧怕变老，其实从一个极为微妙的角度来看，我们一出生就已老去。用这种方式来描绘的话，年龄的增长是我们走向圆满的成熟过程，而不是风烛残年的耗尽。

尽管如此，变老的初体验真的很折磨人。只要你觉得自己还年轻，就永远不会担心变老。但是只要品尝到老的滋味，就意味着青春已开始凋谢，这是大部分人都不愿意经历的过程。人们已经发现了这段人生的重要性，从朱颜绿发到而立之年，人们借助于典型的仪式度过这段过渡期。

我们也有自己的人生仪式，拿到驾照、第一次投票、高中毕业等等。任何一次经历，都会让你强烈感觉到：你跨了一大步，转了个弯，进入了未知区域。

我们要善待这些人生仪式，因为从成熟到寿终正寝的旅程有很多阶段，将拥有不同的经历，这些都是过渡时期的标志。疾病、新工作、新的亲密关系、亲友的去世，甚至是社会上发生的某件重要的事情，都会带你踏入人生旅程的另外一处风景，而且，也会带给你些许不适。

这种痛是成长的重要组成部分，并不一定意味着你变老了。如果痛过之后没有意识到自身局限性，我们的人格将是不完善的。人生前进的每一步，都伴随着痛悟。它唤醒我们，促使我们对一切现象多加关注。如果你躲避刺痛，自圆其说去忽视它，或对此无动于衷，那你就不是在变得成熟、优雅老去，而是成为一种悲剧。

两位水暖工的故事

有两位水暖工来我家里修理无管道暖气系统。年纪大点儿的水暖工先做了自我介绍，然后提出要检查冷凝器。年轻点儿的水暖工则一字未说，连招呼都没打。他东瞧西看，一句话也不说。年长的那位询问我是否能查看一下卧室，而年轻点儿的那位则沉默不语径直进了卫生间。我希望妻子那一刻不是在洗漱，因为那还是大清早。他看了一圈，依然什么也没说。这并不奇怪，因为那里并没有需要他做的事情。

当他们离开以后，我想给水暖公司的老板打电话，告诉他我不想再看见这位年轻的水暖工。他使人有威胁感，虽然这也许是不成熟的表现。他怎么会这样？我想也许他还没有被成长教训过。他仍在享受长不大的青春，全无社交礼节、责任感，以及界限感。我希望那位年长的水暖工会教教那位年轻人，如何在成人世界里有点儿规矩。但是，虽然那位水暖工年龄大些，更成熟，但他不具备长者风范，甚至不能够去指导年轻的水暖工。我意识到，来到我家里的，是两个一直没有长大的年轻人，还没有踏入成年期，尽管他们年龄各不相同。

很多人就像这两个水暖工，年轻时少不更事，也不懂得设身处地为人着想，年纪大了还未学会得体做事的方法，所以等到年老的时候，很害怕青春失去，也难以优雅地老去，而只能流于表面地保持年轻态。我们需要变得成熟，需要远离这种单一层面的人格，形成一个丰富的、多层面的人格，同时具备年轻和年老的两种特质。人格的成熟使我们实实在在地活在这世界，成为成熟的人，能够和他人建立关系，促使我们无限量地发光发热。

优雅老去并不能延长人的寿命，它只能让我们的精神层面和文化层面更加多样，使我们更踏实地做事，获得生而为人的价值感。随着时间的流逝，将宝贵的经验和年轻的希望与壮志渐渐糅合在一起，从而让一个人的天赋和天性被精妙地实现。荣格称此为"个体化"，即自性④的实现，济慈说这是"心灵成长"，我认为这是对原始人格的创造性加工。

让人初次体会到变老的，只是某些微不足道的提醒，偶尔的皱纹和几根白发，进而是对疾病和失去行动能力的担心。和任何焦虑一样，这种担心会快速升级，然后很快我们就会觉得人生已经结束。对某些人来说，老去是种焦虑障碍，支配人的情绪。我们最好在老之将至之际，趁其还未让人浑身不舒服时，找到平复的方式。

想缓解这种焦虑，我们应先过好每一天，关注今天所拥有的、所能给予的。如果没疾病，或没其他的问题，就享受这一天。一些人将自己投射于想象中的未来，活在想象中会发生的烦恼里，焦虑无比。我在开篇就说了，应对老去的第一条原则就是无条件接受它。有时我们会自虐，因为人类的天性是喜欢庸人自扰。

---

④ 荣格分析心理学中的原型自我（self），是四大原型之一。人的精神或者人格，尽管还有待于成熟和发展，但它一开始就是一个整体，这种人格的组织原则是一个原型，荣格将其称为自性，是一种体现心灵整合的原型。

无穷无尽的初体验

人总是时不时地意识到自己在变老。一觉醒来，你会发现自己不再年轻，无论你已经有多老。60 岁时你希望自己才 50 岁，70 岁时你希望自己才 60 岁。随着时光的流逝，你不断感受到变老的滋味。生命的本质莫过于此。

变老的本质其实比你认为的深刻。变老，其实意味着我们发现自己年限已到，无论多么年轻，我们终将告别"仍年轻"这一非常重要的感觉，发现自己正在老去。

你出生、成长、老去，这是大自然的规律。只享受生活，而不会老去，是种幻觉。如果能走出这种幻觉，你就会优雅老去，从而享受晚年，尤其是在人生中获得了某些启示后。我们不仅在变老，而且还在变好。

如今我 76 岁，当我看见一位年轻美丽的女士，我可以客观地欣赏她的美，而不会对她产生兴趣。但是假如对方是一位六七十岁的女性，我反而觉得她更有吸引力。我以前总是在想，老了是否愿意和同龄的女性在一起。现在我会说，我愿意。我发现我妻子在 60 多岁时非常有魅力。那些年轻的大学生，我只会看看，然后继续和以前一样过日子。

我发现年长的女性很有魅力，但是我也很羡慕小腹平坦、头发浓密的男性。看到如今照片中的自己，满头白发，胡子也白了，我很受打击。我曾想把头发染成深棕色，但已经来不及了，我太老了，染发的话看起来怪怪的。所以，现在我试着接受银发。其实，就连我自己，也会为老去暂时性地抓狂。

老去使人不安，我们屈从于各种狂想，就好像我们突然被某种心理情结给占据了。如此说来，老去的感觉类似于嫉妒：理性消失了，人被情绪支配；失去了分辨能力，沉浸在情绪中。

我对希腊神话"格赖埃三姐妹"的故事很感兴趣。三姐妹出生时就如白发老妪，以至于都不记得自己曾经青春年少过。三人共用一只眼睛和一颗牙。英雄珀尔修斯准备挑战三姐妹之一的得诺，他偷了她们的眼睛，逼迫她们告知了戈耳工女妖的住处[5]。荣格将这三姐妹描述为黑暗的母亲。

很多时候，我们需要像珀尔修斯一样用年长者的视角去面对生活中糟糕的一面。很多时候我们需要感觉到老，才能忍受并度过那些劫难。

老去也是一件美妙的事。你向你的巅峰时刻靠近，获得一生的圆满，从此再无烦恼。身体会老去，所以你必须放弃肉身，否则你将如何自我实现？

---

[5]　珀尔修斯需要杀死戈耳工三女妖之一——美杜莎，但没有人知道女妖的住处，因为看到过她的人都变成了石头，除了格赖埃姐妹。珀尔修斯在赫尔墨斯的指引下，找到了格赖埃姐妹，偷走了她们的眼睛。失去眼睛的三姐妹恐惧无比，便告知了戈耳工的住处。

我不知道死亡的感觉。没有人知道。但是我知道，我的人生不断变得更有意思、更有意义。我变得热爱生命，尤其是我的生命。天道将我带到这儿，我相信天道会照顾好我的风烛残年，以及身故之后的去向。

我很高兴自己的警醒，我在老去。如果我不变老，我会担心。就像河流一样，如道家所说，人生若水，自有其道。我所要做的就是顺其自然，随波逐流。我无须为我的人生之河修筑河岸。如果我们顺时而动，也许会享受华发苍颜的时光。

当我的孩子是少女时，我希望她永不知晓年迫日索以及死亡。但是，作为一个研究宗教的弟子，我知道，佛陀如果一直生活在保护之中，从来没接触过痛苦和死亡，就永远不会成为佛陀。只有在这之后，他才开始传教授义，并创办了影响深远的僧侣团。

佛陀对人间疾苦的发现，是他对老去的首次体验，对世界来说，这是件好事。佛陀是人性臻至圆满的典范。如果我们都能够体察人间疾苦，我们将会成为自己命中注定的佛陀。但是，我们经常避免自己接触到这些，假装自己是个孩子，生活在温室里，远离现实。

佛陀最大的人生和事业秘密是什么？他们都"心怀慈悲"，这也意味着他们会"感同身受"。他们都可以体会到他人的痛苦，这可以让痛苦变得不那么疼痛。我们崇拜他们，但通常不会向他们学习。

如果佛陀一直生活在象牙塔里，也许会更快乐，但永远不会成佛。同样，如果我们对人生的挑战一无所知，我们也就永远和最初的自我无缘。这就是为何年龄增长如此重要的原因。我们必须毫无条件地接受它，而不是希望永远冻龄。

成熟、优雅需要我们走出那些阻碍感受人间疾苦的隔离层，也许这就是老而不衰最重要的秘诀。我们带着灵魂老去，不再过着不真实、脱离现实的生活，当我们感觉到人性的堕落时，我们会去做些实事。

成熟使人睿智并且强大，但要想使成熟成为我们的长处，必须明白一个无法想象的老年正在向我们靠近。有时，为了应对对老年的恐惧，我们还需要切切实实地体会到那种老的感觉，适应它，或携带着它如同携带一副魔力眼镜，就像格赖埃姐妹的眼睛。

第二章

老去的身体，年轻的心灵

我的想象力是修道院，我是它的僧侣。

——济慈

最近我们在搬家。整整两个星期，我一趟趟地将成箱成箱的书搬进新房子里，这是做学者和作家最不方便的地方。

"累死我了，浑身酸疼。"我对妻子抱怨道。

"你今年都 76 岁了，还能像年轻时？"她说。

某个瞬间，我觉得时间一晃儿就滑走了。我 76 岁了？我都忘了，我一直觉得自己还是 40 岁。那么多年过去了，我一直待在不惑之年的香格里拉之境。

也许读到这里，有人会说我是在"逃避"，说我不接受自己变老的事实。但实际情况比这还要复杂。我认为自己还是 40 多岁。我不在乎日历说什么。我内心涌动着强烈的年轻精神，我经常觉得身体里住着个 40 多岁的人。即使在照镜子时，我看见的也是个 40 多岁，而不是 70 多岁的人。我一直是一个幻觉感非常强的人。

我父亲也是如此。他于百岁时寿终正寝，去世时依然看起来像 50 多岁。他有次对我说，他的成长过程比较艰辛。父亲的这番话使我震惊。我也发现自己的成长比较坎坷。回顾往昔，年轻时的青涩让我感到尴尬，这是纵情于长不大的青春所付出的代价。人们提起青春，总是充满了怀念和向往，似乎忘了青春自有其局限性。作为一个年轻人，你身强力壮，但对人生一无所知，也许会犯很多错误。在这方面我们都不太相同：有些人在年轻时很成熟，而有些人，比如我，就比较晚熟。

但是，当给人们提供心理治疗时，我马上又会感觉自己好像两三百岁了，无所不知，经验丰富，甚至很有洞察力。我知道这可能是个危险的幻觉，但我的确觉得内心有个睿智的老人。当内心那个年轻人失控时，那个老年人就会自我绽放。

男孩和年长男子

我的朋友詹姆斯·希尔曼年轻时四海为家，辗转于法国、爱尔兰、印度等地，也去过希腊、埃及、意大利。我第一次见到他是在 20 世纪 70 年代中期，那时他正准备回美国。我们相见甚欢，我很认同他的心理学主张，随着交往的加深，我得以深入地了解他的生活。

在他身上，我惊喜地看到了既年轻又年老的表现。有时他像孩童一样对世界充满好奇心，但有时又表现得像个睿智的长者。他可以和柏拉图，或任何一个思想家平起平坐，而且我注意到，虽然他洞察力超强，但他没有那种老成持重之态。他总是说自己的内心永远是年轻态，而我则将他这种说法视为一种心理诊断。

他认为，一个人在某一刻会突然让人感觉他很年轻，某一刻却让人感觉年老持重。他用古拉丁语来表述这两种现象：puer（男孩）和 senex（老年男子或女子）。英语单词 puerile（幼稚的，愚蠢的）和 senile（老年的，衰老的）的词根就来自这两个古拉丁词语。但这两个英语单词是贬义词，而作为其词根的 puer 和 senex 在拉丁语中则是中性词，仅仅表示年轻和年长。

希尔曼认为懂得年龄的相对性很重要，这是某种我们可以想象的状态，和我们通常认为的不一样。换而言之：我们潜意识里有两个自我，一个年轻之人，一个年长之人。你也许会觉得年轻的那一个忽然走在了最前面，生气勃勃、富于幻想，然后那位年长之人现身了，想要维持秩序和传统。

一个年轻的职业经理人，刚开始工作的时候也许意气风发、锐意进取，但很快他就被职场浸染，变得老成持重、循规蹈矩。这种成熟精神慢慢取代了年轻精神。有时，男孩（puer）和老人（senex）是这样互动的：他们一前一后地变换位置，有时占主导地位的是男孩，有时是老人。

另一方面，那些创建商业模式的人永远不会失去他们的年轻。在一个公司里，大 Boss 也许一直都很锐意进取，富有创新精神，但与此同时，年轻的经理人则坚持走老路，按部就班，服从权威。这就是说，年龄和一个人活了多少年没关系，而和这个人如何活有关系。

传记作家布伦特·施兰德和里克·特策利在《成为乔布斯》一书中，将乔布斯描述为"一个出众的自由思想家，他的想法经常和团队的传统智慧背道而驰"。他们也提到，年龄增长后，乔布斯变得温和了一些，但从未失去年轻精神，很多时候他像年轻人一样脑洞大开、奇思妙想。

而希尔曼则是一个叛逆青年和坏脾气老家伙的古怪混合体。对于他来说，对年龄赋予想象中的本质很重要。我们探讨了老年人和年轻人之间的冲突，但是我们没有意识到，我们的潜意识里，都藏着一个年轻叛逆者和传统守旧者。这并非人格特质，而是如幽灵般出没无常，伴随着我们，激励着我们。它们不仅仅是众多心理情结的其中两个，也决定了我们的见识，影响我们所做的每一件事。有时我们认为自己年轻或年老，有时我们则能感受到它们对生活的影响。

我在 45 岁左右时，向附近一所大学申请职位，教务长和我约定了面试时间。当时，我刚离开得克萨斯学校，在那里，穿正装出席这种场合是惯例。于是见这位教务长时，我穿了正装，打了领带。东部地区的七月中旬很温暖，教务长上身穿 Polo 衫，下身着短裤，脚着跑鞋，这让我感到很惊讶。他上上下下打量了我一番，就好像我是来自南美丛林的奇异鸟，只不过身披着纺织品。面试很顺利，我被聘用了。

后来我才发现，教务长是那种不显老的人。他整个人显得很年轻，但是将教务工作做得很好，很少表现出不成熟。每次和他在一起，我都能感觉到他身上年轻和年老两种元素的交会，既富有创造力又身负责任感，对此我很向往。换句话说，在我看来，年轻精神和成熟精神在他的心智里和平共处，完美交融。

年轻精神和成熟精神在我们优雅老去的过程中，起着重要的作用。如果一个人身上展现的总是强烈的年轻精神，那么这种精神也会一直延续到晚年，使人感觉年轻。另一方面，如果你的年轻精神较弱，而且消失了，那么你身上则极有可能展现的是老年精神，即 senex，如此一来，你不是因为年龄在变老，而是因为心理上衰老精神的分量过多。

青春复苏不期而至

如果拥有年轻精神，即使身体老去，你也会在很多方面出乎意料地变得年轻。我曾经帮助过一位 80 多岁的老人。自妻子去世后，他以为自己已经到了生活的终点：身体会逐渐衰退直至生命结束。但一次梦境改变了他。在梦里，他变成了大学老师。刚开始，我们不确定这个梦对他意味着什么。但是，此后的很多天，他都在做类似的梦，梦做得多了，他居然开始相信他真的可以做点事。于是，他打算去做一个老师。很明显，在精神上，他回到了自己的初心，翻开了一个新的篇章。这就好像，80多岁时，他的内心依然像20多岁时，对一切充满好奇心，依然想挑战新事物，事实上他确实在尝试用一种新身份来生活。这是青春的回归，不是在身体上，而是在精神上。他不是一个安于晚年现状的人，年轻精神重新造就了他。

我在他人身上也看见了这种出人意料的成长。我们在老年时有机会回到富有创造力的20多岁，并从头开始吗？还是青春回归本是自然现象，但因为我们对此不去期待从而忽略了这一可能性？

简而言之，努力让自己不在人生中变成化石，会使你在精神上保持年轻态，与时俱进，而你的认知和价值观也会历久常新。你会以开放的态度迎接人生的各种邀请。心灵的活跃来自对世界的爱而不是恨，而长期的憎恨则使人在老年时变得僵化顽固。

远离旧的思维模式和行为习惯会使你保持年轻态。尝试新事物，远离舒适区。是的，你可以尊重旧有的传统，但不要被它支配。不要总是循规蹈矩，旧思想中要加入新理念。

当人们提起永葆青春，常常想到的是身体、物质，以及表面的年轻态。人们做拉皮手术而不去提升人格，浑浑噩噩度过晚年，不以年轻的心态做事。他们只是看起来年轻，而不是内心年轻。

也许这样说更合适，让年轻从内往外散发。对有些人来说，身体状况总是情绪的反映。如果内心足够年轻，身体也会呈现年轻态。我父亲在百岁时看起来依然很年轻，就是因为他拥有年轻精神。对于那些努力想使外表及身体看起来年轻的人，我建议他们去重振内心的年轻，这是人格的某一层面，也是一种生活方式。

你可以深入潜意识的底层，去探寻一直就存在的年轻精神，察觉它的存在。你无须使自己年轻，因为年轻就在你的潜意识里。它只需要被解放出来。从向我咨询和求助的老年人身上，我看见，在花甲之年青春真的可以复苏。你不用去制造它，只需要去欢迎它、接受它，允许它影响你的生活方式。

我经常建议大家以开放的心态面对生活的种种邀请。这些邀请并不总是外来事件，比如换地方或新工作，也可以是心理层面的，比如，注意到某种崭新的年轻涌动的迹象，催促你去冒冒险，行动起来尝试新事物。

比如，这些日子，我在想以后少出门去做演讲或教学，留在家里做网络课程。如果能找到适合这个新事物的年轻精神，我将会实现这一愿望。你的年轻也可以体现在某些普通事情上。如果你心态开放，带着年轻精神去做日常琐事，你会在灵魂上保持年轻，而这是非常重要的。

在人生的大部分时光里，我觉得自己充满了年轻精神。我前面说过，我晚熟。一次，母亲来看我，在我租住的房子中转了一圈，看了看里面租来的家具，说："汤姆⑥，你何时才会有自己的家具？"

我那时刚刚年逾半百，对租房子住，没有自己的家具并不在意。我挣钱不多，但足够交房租，享受简单的快乐。那些年，我还经常梦到飞翔，这通常是大部分男孩所梦到的。我总是梦到飞机要么在起飞，或在城市上空低低飞行，穿梭在摩天大楼之间，然后降落在城市的街道上。

现在看来，这些梦反映出，即使被平凡生活的种种要求牵绊，我依然保持自由精神。

40岁时，我曾做过一个梦，在梦里，和平时一样，我坐在一架准备起飞的大型喷气式飞机上。我父亲也在上面。我知道这个梦所暗含的意思。父亲不喜欢自己的工作，但却不得不接受。我明白，他向自己的局限性投降了，虽然他也可以自由地挣脱那些制约，并在工作中发现更多的快乐。

在我眼中，父亲生活幸福，但也有些许无奈。在梦中我起飞了，父亲很感兴趣而且也支持我，但是我觉得我们之间有个更大的鸿沟。这种有意思的变化拉近了我们的距离，也将我们分得更开，但并未影响我们之间的父子情。我没有一天不爱他。

对我来说，成长，并从孩子气而非冒险精神的男孩状态下长大，是种解放，即使现在，我仍然得处理普通生活中的各种

---

⑥　指作者托马斯·摩尔，汤姆是托马斯的昵称。

现实问题。在那个男孩精神离开我之后，我变得成熟了，这种成熟消解了长期以来的心理负担，提升了我的能力，改善了我的职业前景。在那些被自己低估的日子里，我相信我的几个朋友是真正的作家，我让他们去写更有价值的东西。如今，我很幸福，我感谢严肃作家这个角色，也发自内心地欢迎我的作品在国际上得以展示。

40多岁时，我曾和一个好朋友谈起詹姆斯·希尔曼，我说我一见到他就把他视为偶像。我的朋友对我说，我的工作有一天也许会比希尔曼成就更大。"永远不会的，"我说，"我没有希尔曼的那种天赋。"

后来很多次，我都会想起和朋友的这次对话。我知道，那时希尔曼的才能和他的写作风格不相符。但我的确感到，我已经知道了自己的天分，这份创造灵性有着自己独特的实现方式。你可以感觉到，40多岁时，我言谈举止中透露着青涩，人不够成熟，以及缺乏自我发现。找到自己的特长并重视它，使我获得了最大意义上的成熟。

现在，我喜欢这种年老的感觉，也不会因为任何事想要重回到男孩时代。但是，总的来说，那种年轻精神，我无比熟悉，这使我的老年变得有意义。也许这样说更确切，我内心中仍然还有部分年轻精神，虽然，它也有些变化。今天激励我的不再是那个孩子气的男孩，而是男孩的失望，对这世界在无休止地自我毁灭的失望。我想要一个更理想化的世界。

我一直在说的就是，灵魂的各种精神会变化、长大，这就是成熟的一部分。你能够看见这种精神是如何督促你从人生的一个阶段走入另外一个阶段的。早期的男孩精神使你孩子气，但是后期的男孩精神帮助你优雅老去。

灵魂是游乐场，或奥林匹斯山，在它之上，很多不同的心理精神都在你的人生中展开。男孩精神只是其中之一，它会茁壮成长，只要它不是占主导地位。文艺复兴时期的健康作家说，我们应该避免某一个心理精神的"君主专制"。比如说土星的抑郁和它深沉的思想本身是有意义的，但如果让它在你的内心占据上风，你会成为一个抑郁的人。这不是我们所要的。

一些人认为，要想老了过得好，得向老年投降，并有老年人的样子，即使那种样子使自己沮丧。完全没必要。你可以老得好，只要你依然有着年轻的热情和想象力，哪怕你在适应变老。我用不同方式说过多次，要想老得好或优雅老去，你需要极度的年老（成熟），极度的年轻。

当我和母亲在配着租来的家具的出租房里交谈时，内在的我和外在的我是一个人。我自认为自己年轻单纯，但这种认同也是对年轻精神的捍卫。自相矛盾的是，我看起来就像一个典型的男孩，只是后来，我决定严肃对待写作，我内心的男孩精神才升级了，然后，我不用再做飞翔梦了。

请注意这个模式：我的年轻精神使我得以写下我想要表达的东西，但与此同时，写作也将我和世界直接联系起来，沉淀了我的人生。年老和年轻有时会携手打造一个圆满的人生。

虽然这个自我分析不是太高明，但我想用这个例子表明，在你的灵魂潜意识里，潜藏着这种又老又年轻的模式，它会慢慢影响你的人生模样。你可以既有年轻的挑战精神，同时也可以很成熟稳健，这种状态的滋养来自于两个基本的倾向性：含蓄的创造精神和对自己在世界中所起作用的新鲜严肃的劲头。

内心的飞行员

拥有年轻精神的人常常梦见自己在天空飞翔，他们常常对高风险性活动、极具创造性的实验以及各种新奇现象都很感兴趣。他们想要彻底的自由，愿意白手起家。他们也看起来很脆弱、柔软，常常被人爱慕，被人关心。女人们常常和这种男人坠入爱河，想拯救荒唐愚蠢的他们，甚至必要时照顾他们。

年轻时，我也做过有关飞翔的梦。我梦见自己在房间里飞，挥动着胳膊，飞至天花板上。那种感觉真令人兴奋，所以梦结束时我非常失望。后来，梦变成了我前面说过的那种画面：飞机试图起飞，或在繁忙的城市街道上滑行。然后，大约十年前，我就再也没做过飞行梦了，一次都没做过。

人们也常被有着年轻灵魂的女性吸引，这类女性从内到外常常散发着雌雄一体的特质。我们称这类女性为阿尔忒弥斯——希腊神话中保护个人完整性的贞洁女神。凯瑟琳·赫本是经典好莱坞电影时代的大牌明星，浑身散发着俏皮活泼、独立脱俗的美，让人不由自主地想亲近她。在某张经典照里，青春已逝的赫本微笑着，站在大门的牌子旁边，牌子上写着"私人住宅"，下面的一块牌子写着"不许入内"。我提这张照片，不是为了讲讲逸闻趣事，而是说这张照片反映出了赫本的心灵。她需要做自己，这是伴随她一生的年轻女性精神里非常有趣的一面。

心理年轻的人无视传统，不喜欢权威。他们整天编织着生活，有自恋倾向。他们既招人喜欢又让人烦。

当一个有着强烈男孩人格与一个成熟稳重的人格发生冲突时，这个人很难表现得文明有礼貌，也不愿意妥协。这两种人格常常发生冲突，其间夹杂着各自心理人格上的自我，而不是现实中的那个自我。他们彼此也许都不知道为何而打仗，因为深层的心理人格都隐藏在现实的自我之下。

如果你是这样的人，和我一样，你需要和自己的男孩人格建立关系，就如同他是另外一个人，不是你本人，而是藏在你潜意识里的人。他有独立性，如果你允许他的独立性存在，你们的关系会好转，但完全将自己认同于男孩人格的话就不会有这种效果。你需要更复杂一些的人格，同时在人生中给这个男孩人格空间。

这个男孩人格是我一生中的伙伴。当我期望大家都是好人，并对我也好时，我能感觉到它。如果人们对我粗暴并欺骗我，我会非常不安。我常常不理解，人们为何不接纳男孩人格改变世界的主意。我有很多未完成的戏剧、小说、电影剧本，这又是一个男孩人格在发挥作用的迹象。当我无法和严肃成熟的人打交道时，我也常常感觉到男孩人格的存在。

我曾经和一群商人开会，有人提了个问题：如果你继承了10万美元，打算怎么办？这群经验丰富又严肃认真的商人轮流提出了自己精明的财务规划。轮到我时，我说我会在三四年内靠这笔钱维持生活，同时专心写作。"不错的主意，但是太孩子气了。"这些聪明的商人对我的幼稚感到可笑。

我不再幻想用钱买时间去写作了。写作如今是我生活的一部分，有人付钱请我写。年轻的精神促使我有创造力。

你可以看看是不是正在和潜意识里的年轻人格失去联系。如果你发现自己几乎各个方面都在变老，表现得非常像个老人，你应该寻找曾经有过的那份年轻活力，然后激活它。忽略潜意识里期待被激活的年轻人格，是非常悲惨的。

内心的女孩

让我们再看看阿尔忒弥斯，这位贞洁女神，也就是罗马神话里的黛安娜，生活在山林里，几乎与世隔绝，身边跟着一群女性随从，年轻男子是她宫殿里的座上客。她被称作 puella 人格，拉丁语是女孩之意，和 puer（男孩）是同类中人。

她不愿意通过和他人的关系来认同自己，她不想结婚，想保持个人的完整性不受伤害，防御心很强。阿尔忒弥斯喜怒无常，攻击性很强，尤其是在自我保护的时候。她也会受伤、变温柔。希腊人视她为少女保护神，9 岁的女孩必须以她的名义举行严格的洗礼仪式；她也是妇女生育的保护者。

无论男人内在的女孩心理，还是女人内在的男孩心理，都会给生活带来欢乐。月桂女神达芙涅是阿尔忒弥斯的随从女孩之一，她不愿意结婚，曾拒绝阿波罗的追求。阿波罗是药神、文化和音乐之神。无奈之下，她的父亲将她变成了月桂树以此来保护她的纯真。在我们的潜意识里，尤其是在女孩内心，我们宁愿待在大自然中，也不愿意被阿波罗的聪明才智、美妙音乐，以及上流社会的华贵所俘获。我们渴望自由。

阿尔忒弥斯这一神话人格是一种精神，能使你在老去的时候依然年轻，保持你的天然特质，不被社会文化驯服，无论这社会文化有多好。保护你作为一个个体的完整性，哪怕你为此不得不带着些许攻击性。

很多人将阿尔忒弥斯／黛安娜式精神和怒气以及神经质攻击特质混为一谈。其实这是一种女性神话人格，它存在于你的潜意识里。你不喜欢过度的教育，不喜欢药物治疗，不喜欢被改造成社会中的一员。你潜意识里的这一部分使你不愿为了结婚以及伴侣放弃自己的一切。这份精神，有着男孩和女孩的特质，使我们年轻。

潜移默化中变得年轻

也有其他让人变得年轻的方法。你可以继续做习惯做的事，或至少是那些你依然力所能及而且舒服的事。你可以看看年轻时的照片，进行反省，重新去年轻时去过的地方，拾起你年轻时做了一半的那些事情，做的时候带着你今日对当下的警觉。

荣格是个很擅长用具体方法治疗自己心理的人，他讲述了成人后重回到 11 岁的故事，在那儿他找到了现在情绪问题的根源，并且真的玩了玩小时候的玩具。这让他感到尴尬，也较费劲，不过很有帮助。

荣格在他的自传里对这一场景进行了描述："我一吃完晚饭，就玩了起来，一直到病人来了；如果傍晚能早点儿结束工作，我就继续去玩那个搭建玩具。在玩的过程中，我的大脑清醒了，这使我能够理解那些隐约觉察到的幻想之含义。"

需要注意的是，荣格不仅仅是用回到过去的方式弄清目前行为的原因，也试着唤醒内心中的年轻精神、看待世界的方式以及解决难题的方法。回到过去只是唤醒年轻精神的某一方面。他说："我的大脑清醒了。"回到过去某个时间，我们当前的思路会更加清晰，能够从那些一直困扰的问题中走出来，意识到问题的根源是在过去某一时刻。

注意：那个男孩人格复活时，它的阴影也会复活。人们对灵魂的阴影常有误解。人们认为，任何事都有其阴暗面，只有征服它，然后才不受其奴役。事实是，你要允许阴影的存在。你不能只允许内心中那个年轻人的存在，而不接受他的愚蠢和不成熟。你不需要耗费力气去驱逐那个不成熟的年轻阴影，而要去拓展自我，允许它的存在。

　　这一原则在优雅老去过程中会起到方方面面的作用：你视生活为天生如此，而不是你想象的那般完美。虽然理解起来不是很容易，但是阴影所给予你的和光明面一样多。对青春来说，也是一样的。如果你使自己保持年轻，自然身上会有不成熟之处、愚蠢的冒险劲头，以及自恋。青春不是完美的，但它的存在依然对我们大有好处。

　　做小男孩时，很多个夏天我都是在纽约州北部叔叔家的农场度过的。我的父母会过来逗留一两个星期，然后带我回底特律的家。在我的记忆里，乡下生活有辛苦的劳作，也有放松讲故事的时光。我父亲会干很多活，当他来这儿时，他会对农场住宅进行粉刷、修理，以及贴墙纸。而我叔叔则会教他如何把田野里松散的干草弄回来。我注意到，父亲在乡下几乎都在干活。

　　父亲喜欢打高尔夫。一个夏天，他在房前的草坪上整出来一小块球洞区。他弄出来几个球洞，取出球杆和高尔夫球玩了起来，叔叔和其他人在一边看着。刚开始，大家都觉得父亲太幼稚，简直是在浪费时间："都那么大的人了，还浪费时间玩这种游戏。"

　　父亲没有理会这些，并且在不玩的时候，将球杆留在了草坪上。不一会儿，叔叔和婶婶就打起了球，从一个洞到另一个洞，而父亲则教他们如何握球杆。结果他们很快玩上瘾了。

　　在这个小例子中，年轻和老年这两种心理品质都可以看到。年长者（senex）批评年轻人爱玩耍，这是社会文化对工作的强调，却最终被这项有活力而无功利运动所吸引。值得注意的是，父亲并没有因为有人说他幼稚就停下不玩了。他忠实于自己所做的，这是避开不成熟的年轻阴影的好方法，不因被人批判就放弃。他认真对待年轻人的玩耍，并且赢了。

女性潜意识里时不时出现的年轻人格可以是那个年轻男孩（the puer），或年轻女孩（the puella），这类女性具有雌雄同体的特质。这种特质也会出现在男性身上。有时你可以在男人身上看见女性气质——思想开明、温柔敏感、稚嫩羞涩，在这之下也许潜藏着丰富的生命力和欲望。

年轻精神是年轻之源泉，是青涩和好奇之源泉，这些使我们充满希望。没有它们，我们就会完全屈服于晚境，变得抑郁。如果灵魂里隐藏着年轻精神的话，你就不会被年老带来的沉重和老迈身体的不适完全压垮。你将沉稳地面对，拒绝将身体的衰老视为老去。你继续过着有灵魂的生活，那看不见摸不着的力量使你保持年轻，同时又在成熟中老去。

晚年的伊戈尔·斯特拉文斯基曾接受过一次采访，80 多岁的他被问到，此时身为作曲家的他是否和年轻时感觉不一样？是否找到灵感比较难？他笑了，说道，你们认为我是个老年人，但是我自己并没有这种感觉。简而言之，这个问题对他来说没什么意义。

他给了我们一个很好的启示：不要被老生常谈的狭隘观点所左右，他们认为你老了只代表他们的观点。对灵魂来说，这些都无意义。你要真实地看待你的心理年龄。

　　既然提到了斯特拉文斯基，请允许我再多谈谈我对他的看法。他是个古典音乐作曲家，我对他的喜爱已经有半个世纪之久。在我心里，历史上有两个作曲家，是天才的完美代表，他们是约翰·巴赫和伊戈尔·斯特拉文斯基。

　　关于斯特拉文斯基的传奇故事有很多，有一个和1913年他的《春之祭》在巴黎首演有关。因为旋律怪异强劲，乐曲气氛突变，这部作品在听众中引起了强烈的骚动。而他随后的主要作品《普尔钦奈拉》，风格甜美，类似于法国启蒙时代的宫廷音乐。人们对他的风格无法预料。他一生作品风格多变，从不墨守成规。他就是这样的人，从不知道所谓的老是什么滋味。

　　很多人都想拥有内心深处那个年轻精神，因为它是年轻的真正源泉。和你灵魂中的年轻精神保持联系，你将不会感觉到老去带来的所有负担。很多人变老是因为将老和年龄联系在一起。也许论年龄，有的人已到耄耋之年，但是他们的灵魂也许更像40岁。如果我们都能像斯特拉文斯基所说的那样，"我不知道何为老"，那该多好啊！

第三章

人生的旅程

在最后，我生命里所有值得一提的事就是这些，不朽的世界冲进转瞬即逝的世界。

——卡尔·荣格

人类天生就有灵魂，内心深处充满了人格的种子，但我们就如同璞玉浑金，需要向他人学习的地方很多，而且要活到老学到老。随着年龄的增长，我们大多数人变得更有智慧更有能力，具有一定程度的独立性，这是勤奋努力、坚持不懈，以及才智所带来的结果。

在很大程度上，学习、经历和所犯下的错误让我们变得更含蓄、更复杂。我们会被生活教训——失败的工作、疾病、糟糕的关系。在痛苦中，我们会更加觉醒，为各种挑战做好更充分的准备。借助感情和心理之痛，我们变得有思想、有力量。

痛苦唤醒了我们，哪怕只是片刻。

　　但是作为一个有着长达 40 多年和人们的心灵近距离接触经验的心理治疗师，我可以很自信地说，每个人都可以以自己的速度成长。那些在童年时期有过性虐待或身体虐待等创伤性经历的人也许会发现，他们成人后很难面对人生的种种碾轧，总是停留在过去的记忆中，无法脱离出来。在内心深处，心理创伤的影像一直隐隐约约地晃动，每当问题即将发生时，这些影像就会迅速出现，即便你面对的是不太大的挑战，也总要费一番周折才能克服，总要历经磨难才会变得沉稳、感性、觉察和成熟。在生命旅途中，我们每个人似乎都处在和实际年龄不相符的心理阶段，以至于很多人进入老年时，并未做好心理准备。

　　在此，我强调一下此书的主要思想：**为了享有一个健康的晚年，并在生活中拥有积极的心态和创造力，我们必须在每一个生命发展阶段都达到与之相应的成熟。**

　　我们都会独自老去，如何走向成熟、优雅老去在很大程度上取决于我们如何面对人生的各种转折点。因此，优雅老去并非只关乎晚年，它和你的整个人生有关。它也不是专指老年人，也和年轻人有关，年轻人可以选择到底是充实地活着，还是躲避人生的挑战。作为一个年轻人，你要逐步实现自己的潜能，成为一个真正独一无二的人，也要对生活充满热情，为即将到来的晚年做好心理上的准备。

　　此书的任务就是建议并指引年轻一些的人，在成为"原初的自己"的路上不迷途。我们将会看见，年长者的人生任务就是成为长者，为未来留下遗产和财富。只有在人生各个阶段成熟了，你才能有效地做到这点。

拉尔夫·爱默生在《超灵论》一文中指出：

只有灵魂才能理解灵魂，外部事件，只不过是它身披的飘逸长袍。它根据自己的法则，而不是数学算法，去计算它的进步。灵魂的升华不是循序渐进，如同直线运动那般，而是通过境界的提升，如同蜕变——从卵到幼虫，然后从幼虫到长有翅膀的昆虫。

不要被爱默生的 19 世纪写作风格吓到，细细品味，你会发现这句话的深层含义。这句话是说，我们所有的经历，生命的外部表象，只有和裹在其中的灵魂相关时，才具有意义。改变生活模式是不够的，你必须明白并触摸潜藏在表象之下的那些灵魂问题。

爱默生还提到，我们的成长——从婴儿到老年并非一条直线，而是要历经很多阶段，一个蛰伏期或平台期接一个平台期。这是一种质变的过程，就像船只，穿过一般的河流时畅通无阻，但是穿过修建了很多水闸的河流，就需要停下来，升起到另一个高度。爱默生将这一过程称为"境界的提升"，就像你一直生活在熟悉的安全地带，突然有一天你感觉到自己有更高的使命。我遇见过很多这样的人，他们忽然辞了工作，转而直接关注自己的灵魂。

从一个阶段提升到另外一个阶段，这种转变并不会自动发生。你得顺势而为，并经历从毛毛虫到蝴蝶的转变。这个过程并不容易，你得面对自己，接受巨变的发生。比如，大学生离开安全舒服的校园，进入工作和生活。这种提升，是在经历蜕变，有回报，但也有困难。为此，有些人选择一直上学，永不长大。

冰冻点

很多人都经历过这样的时刻——陷在生活的泥塘里动不了，生命之河在不确定和焦虑的冬天里上冻了。我在朋友和旅行时遇见的一些人身上看见过这样的情形，他们的眼神里散发着担忧，唇角微微下沉，看起来死气沉沉的，这是经年累月的情绪低落造成的，虽然生活没有像他们想的那样真的发生，但失意压弯了他们的背。

很多人很有天赋，头脑聪慧，身怀绝技，但是内心深处的某一部分，让他们的人生处于停滞状态。你看见他们身上的每一处都极具人性的魅力，富有活力，但是某个方面却停滞不前，就好像被恐怖和自我怀疑给吓着了。

这冰冻如此强劲，冻结了整个人生，使得他们从未实现心中所想。他们受挫、失望，嫉妒身边充满自信的人。不过，生活并不总充满灾难，他们也可以获得一定程度上的成功。他们为何无法度过人生中的冰冻点？那是因为生活中的烦恼还不够大，还不足以刺激他们去做出转变。他们可以凑合着忍受下去，而不是更努力一点穿过冰冻地带。在某种程度上，他们向生活屈服了，接受了最令人不满意的解决方案。

我遇见过那些情绪低落的人，他们灵魂的一部分结了冰，浑身散发着若隐若现的怒气，虽然从没有爆发，但总是寒气袭人。虽然怒气有时也会有好处，但在这种情况下，它只会冻结生命力，既不利于维护和他人之间的关系，也会掠夺幸福感。

假如，一个人貌似活跃但内在死气沉沉，我会鼓励他去冒冒险，赞赏他身上的才能。比如，我的一个朋友也是作家，他觉得自己才华有限，总是不敢行动。他对自己的期待很低，很自卑，总是羡慕他人，完全放弃了自己。我试着去激发他的内在活力，使他重新开始。

我不是在说，在这一点上，我成功了，别人都失败了。我也有自己的冰冻区，我也希望能融化它们。比如，我有时希望自己更有公众影响力，可以直接影响政治和政府。但我意识到，我来自一个谦逊低调的家庭，这些家庭特质一直在我的记忆里，影响了我，使我成为一个安静的人。它需要被加工提炼。但在另一方面，我的安静自有它的力量，帮助我说服人们唤醒自己的灵魂，不要放弃。

放弃就是认输，不去拼一下，你就放弃了，也许太令人气馁。我遇见了很多束手放弃的人，一眼就可以看出他们缺乏力量，对生活没有热情。

亨利·梭罗的《瓦尔登湖》里有一段话，解释了为何他要去湖边，为何不放弃："我不希望过没有意义的生活，生活非常珍贵；我不希望放弃，除非必要。我希望活得深刻，并汲取生命中所有的精华。"

走出舒适区的自我

和灵魂一起成熟，需要穿越生命赐予的多重挑战和挫折。有时，上天好像就是为你准备了一份详细的清单，在这个清单上，无论是挫折还是挑战都是用来成就你的。但是人们时常拒绝人生的这份邀请。现有的一切让人感觉太舒服，所以你迟迟不肯走向成熟。你只不过是在堆积年龄。你变老了，却没有真正成熟，整个人生看起来像是悲剧和没有实现的承诺。

如果将整个生命想象成一系列长长的旅程，我们似乎总在经历着什么。回顾过去，我们会看见那些特殊的拐点，或那些让我们成长的棘手之事。

人生旅途中，我也接到过很多生命的邀请，也曾想过放弃和拒绝。虽然我不是果断之人，性情里也没有英雄气概，安静而内向，但是我身上一直存在某种特质，就是愿意去改变，继续下一步。很多时候，我的想法在我自己以及朋友看来很草率，但我还是毫不迟疑地前进。如果有一个主要的典型神话人格在我身上起作用的话，那就是圣杯骑士帕西法尔，这位年轻的圆桌骑士和母亲非常亲近，大部分时间像个年轻的傻瓜。但是，他很称职，最终发现了圣杯。他是我的英雄。

我并不是建议，在走向成熟的过程里，每个人都要做个英雄。你不需要一个坚强的自我和意志力，但是你需要热爱人生，并完全相信它。你得是人生的近距离观察家，这样你才知道人生是如何运作的，然后意识到，你只有两个选择：活着或死亡。你可以服从活着的原则，那就是朝前走，接受人生的邀请，这样整个人才会生机勃勃。你也可以服从死亡原则，那就是停留在原地，对新鲜事物视而不见。这种死亡，我是说灵魂的死亡，并不是真正的死亡，而是在很多方面有保障而舒适的死亡。这种生活是可预见的，你不必担心变化。但是死亡就是死亡。你不会感觉自己是活着的，你的生活没有为意义和目标而铺设的基础。

优雅老去的过程

和只是变老相反，成为一个有内涵、有深度的人，是优雅老去的前提条件。走向成熟、优雅老去是一个过程，借助这个过程，你才能成为真正活着的人，而且这是一个反复的过程，伴随我们一生，充满着撕裂与纠结。你也许选择不进入这个过程，站在一边，像木头一样活着。如果你真的内心极度恐惧，可能永远也不会进入这个过程。如果是这样的话，你就处于停滞状态，无法成熟老去。

作为一个心理治疗师，我观察过前来接受心理咨询的人。

他们通常对生活保有热切，对自己的一切也心知肚明，但他们大都碰到了某些问题，使得他们极度抓狂，或痛苦。有些人不知道如何进入这个治疗过程中去，而我则通过经验来告诉他们如何做。

现在，很多人喜欢并愿意融入这个治疗过程。他们慷慨大方、考虑周到，乐于全身心地去尝试一番。也有些人排斥治疗，与之保持距离，哪怕按照约定来了，也不会全身心投入。他们害怕暴露自己，不愿承认自己的缺陷，或担心给自己带来麻烦。对此，我不做评判。我也希望他们能发现除此之外的治疗方法，并参与进去。

治疗中经常有人对过程之长感到惊讶。我不愿意加快速度，因为我认为自己无法主宰时机。一个幼时经常挨打的人不可能从创伤的记忆中一夜恢复。做治疗真的需要耐心。庆幸的是，大部分人坚持了下来，并取得了进步。

但是总有人在关键时刻想退出，我其实很反对这一做法。因为，他们的问题很严重，只有心怀耐心，问题才能慢慢解决。最近，一位男士找到我，向我倾诉婚姻中遇到的冲突。通过梦境分析发现，某些来自童年时期的问题现在依然滞留在他的内心，这也影响了他的身体健康。就在我们即将到达问题的根源时，他想结束治疗。我忍不住去想他为何临阵退缩，但我怎么能想出答案呢？也许他发现了别的治疗方法，也许他想停止成熟，继续变老。我为他祈祷，希望他度过人生的沟坎，进入新的阶段。

成熟老去需要勇气，它需要你主动决定。你过着向上的生活；你接受生命的邀请；你察觉到来自生活的挑战；你试着迎接它们，不退缩，不找借口，不躲到安全地带。

每个人都需要解决过去已存在的问题，这些问题是人生和人格的基本因素。解决问题的过程就像炼金术，将人生经历中积累起来的物质（拉丁语称之为 prima materia，即原材料）进行加工提炼，但极需勇气和洞察力。很多人躲避这种加工提炼，因为它会让你的情绪飘浮不定。

让我举个例子来说明这一点。布兰达是位职业女性。表面上看来，她可以完全掌控自己的生活。她很成功，对心理学也比较了解。她的问题在于她允许别人利用她。通过交流，我发现，她也需要人们依靠她。她照顾他们，为他们花钱，然后希望他们不再是她的负担。她几乎没有时间照顾自己，她感觉压力很大，人也有些抑郁。

我试着了解她的父母。我并不愿意将所有成人问题都归结于父母，但是了解父母有助于我找到那些延续到成人时期的行为模式的根源。

"我父亲总是告诉我该怎么做。"55 岁的她说道。

"在我的记忆里，他从来没有问过我的感受，也从未想过我们如何更好相处。他不喜欢这类话题。"她接着说道。

"你时不时地去看他吗？"

"我一个星期见他几次，询问他对我的建议。"

虽然我不愿将成人面对的问题归结于他们过去和父母的

关系，但很有意思的是，很多成年人依然沿袭未成年时和父母互动的模式。在他们身上，你很难看到他们和父母之间复杂的关系，因为和儿童时期相比，这似乎不是很明显。但是幼年时的互动模式依然存在，并且起着作用。

有时我可以感觉到自己内心的冲突：我不想让治疗者不安，如果她不想探索感情的根源，我也不勉强。但是我知道，治疗需要深入问题的症结所在。于是我冒险直接问她：

"和父亲在一起时，你依然喜欢做个小孩子吗？"

"我不是小孩子，我父亲才是。他似乎无法从自己的角色里走出来，还像对3岁时的我那样说话。"

"但是他怎么能做到这一点呢？除非你继续扮演你小时候的角色？你不想他来保护和认可你吗？"

她停住了，低下了头沉思："看起来好像是这样。我就像小时候一样寻求他的帮助。我抱怨，但是我依然这样做。"

我们朝着她潜意识里、她没有意识到的感情问题靠近了一些。通过心理分析，她慢慢意识到这就是她的问题所在。渐渐地，她有了一点点进步，直到整个生活发生质的改变。如果深入分析，你就会发现，这种改变不仅可以发生在心理治疗中，也可以发生在日常生活里。

对潜意识模式的细微发现让布兰达变得成熟。她的内心得以解放，虽然只是细微的改变，但与之前相比她真的进了一大步，摆脱了孩童模式。如今，她的心理年龄几乎和她的生理年龄一样大，再也不是个有着成人躯壳的小孩。但是，她距离整个心理的成熟还需要一个漫长的过程，这次的发现和改变仅仅是一个小小的开始，她需要一次次反复这个过程，直到她完全变得成熟，整个人格全面完善。

作为成人，我们并不是要抗拒身体变老，而是在感情、智力，以及精神上不愿长大。很多时候，我们并不在乎心理是否成熟。但是，如果我们想要心理的成熟和年龄相符，我们得学会拥抱成熟老去，得试着平衡心理年龄和实际年龄的冲突。因为，只有身心合一，才更容易优雅老去。

人生旅程的转折点

无论是航行还是丛林中徒步，我们都会遭遇险境，这很考验旅行者的性格。荷马的《奥德赛》讲的就是关于行程中的转折点，其中不光有障碍，还有严峻的考验。如果你通过了考验，就往好的方向发展，不再是以往的你。这些考验改造你，并真正让你成熟老去。

请记住，如果你没有经过考验，你将会停留在某种状态中不再往前，用我的话来说，就是不再成熟。我们总是需要经过一个老化成熟的旅程，才会变得足够成熟，才会在世界上有自己的固定身份而富有创造力。没有这两样，我们的灵魂就不够强大，甚至没有灵魂。那样，我们是空虚的，总是试着用对身心无益的嗜瘾，以及没有意义的行为来填满那个空洞。而身份的缺失导致人生没有目标，产生和存在感缺失有关的抑郁心

理，同时，没有创造力也会带来抑郁和怒气。因此，成熟老去
至关重要。

婚姻是一个人生仪式

　　婚姻是大多数人都要经历的旅程。很多人都很疑惑婚姻到
底是什么。它是生活的表达，一种共享的生活模式，一个承诺
关系。但它也是一个旅程，是进入生命新状态的开始。很多婚
姻出现问题，是因为夫妻双方认为这是一个状态，一个婚姻状
态，而不是一个人生旅程。婚姻不易，它要求我们成为一个和
结婚之前不一样的人。它要求我们对生活怀有不一样的想法，
不是关于自己，而是关于我们。从"我"到"我们"是一个艰
难的壮举，是一个人的现实生活翻天覆地的变化。

　　也许需要很久，才能从"我"变成"我们"。这种挑战是
艰辛的，充满未知。我们经常会在做真实的自己和对另一个
人坦诚之间做斗争，还要面对来自另一种世界观的挑战。的
确是这样，因为婚姻很少是相似的两个人之间的结合。大部
分时间，会同时出现诸多分歧。这一点儿也不奇怪，夫妻双
方大约需要数十年才能足够被改变，而后进入默契度很高的
婚姻状态。

　　很多人被困在无人孤岛中间，处于半结婚半独身状态。他
们很痛苦，总是希望自己没有结婚，或者，和这个人结婚了，
却想和另外一个人在一起。

　　如果一个已婚人士总是希望自己还没结婚，那么婚姻也许永远不会让他满意，他也许永远不会完全拥抱婚姻，不愿意完全接受已有的生活。他抗拒生活，因此也不会真正成熟。时间虽然流逝了，但人的生命没有变得深沉。在这种情况下，婚姻无法让心灵成熟。

　　我见过很多类似的婚姻。琼妮，嫁给了一个她喜欢但不爱的男人，并且有了孩子。她和这个男人结婚是因为他富有，他能给她带来有保障的、舒适的生活。她的原生家庭不是很富有，足够的保障和舒适感对她来说很重要。她和丈夫是朋友，她以为没有爱情的婚姻也可以生活下去，但很多情况下，并非如此。随着时间的推移，她发现，婚姻越来越无所依托。她明白了，爱情也不可或缺。

　　爱情的关键在于，它使你走向成熟，让你感觉生活走在一个正常的轨道上，这很重要。琼妮告诉我，她感觉不幸福。她能感觉到他们之间的感情距离，并逐渐意识到爱情的重要性。她不想离婚，因为她认为离婚是人生重大的失败。她的家族里没有人离过婚，并且她也不想伤害儿子。她身陷僵局，无法做出一个好的决定。

　　走进婚姻关系的死胡同，这在心理治疗中很常见。如果我像一般人那样建议琼妮离婚还是不离婚，那么无疑我也陷入了一个死胡同，这更让人发狂。我避开了这一点，转而和她聊起她的过往、婚姻里的故事、恐惧和心愿、梦境和生活的希望，希望能厘清局面。

我的治疗方法通常包括五个方面：

1. 故事（story）：仔细倾听生活故事。

2. 梦境（dreams）：跟踪探寻梦境来寻找灵魂症结所在，以及时间轴。

3. 视角（perspective）：表达你自己的视角，比如，当患者评判自己时，不要受患者的影响，要表达你自己的评判视角。

4. 面对魔鬼（face the demons）：处理从内心浮现出来的问题。

5. 灵性（spirituality）：对精神层面的终极意义和神秘问题持开放态度。

心理治疗并不是为了获得一个理性解决问题的方法，而是为了用不同方式探索，获取一个新视角，然后在审慎的反思中，问题的答案自动呈现。

心理治疗使一个人重新投入生活中，从死胡同中走出来，这有助于成熟老去。比如，患者从中知道自己该做什么样的选择，是选择结婚或者离婚，是选择辞职或者继续工作，是选择搬家或者继续居住下去。

我发现，人们表面上想要改变（如同琼妮想要离婚），但是真的去改变时又让人恐惧，于是人们便用充足的理由告诉自己不去改变。

琼妮决定离婚，这是她唯一的选择，虽然过程很漫长，但最终她还是恢复单身了。她感觉到自己重新和这个世界有了连接感，并愿意付出和投入。这也是经过了几年的挣扎和婚姻不快乐的结果。那些年的生活，对于她的成熟来说，还是有帮助的，至少她看清了自己的需求。现在她生活充实，内心丰盈，进入了成熟老去的正轨。

通向老年的旅程

在生命不同时期成熟老去是一回事，临近真正老年又是一回事。我发现古稀之年是迈入老年的真正转折点。我开始用不同的方式审视自己，一部分原因是人们对待我的方式——他们开始将我和老年人联系到一起。虽然在内心深处，我并不觉得自己老，但却不得不依照人们对我的认定做出调整。

然而，适应老年人这一身份需要五年时间。我还没有完全做到这一点，因为我相信我是个年轻的 76 岁之人。但是现在，是时候去适应生活里这一不同的角色了，虽然我依然觉得年轻，但是我愿意在公众场合当个老年人。在公众生活里，人们倾向于保持和社会习俗相一致的言行。

步入老年，无论发生任何事，都只是人生的仪式，和早期身份的转变一样重要。它要求你调整自己，适应老年人这一角色。你很可能想起以前认识的老人，有些人现在看起来已经是高龄，如今，你也加入了这一行列。

不久前，我和妻子一起看了一部电影，影片里有一位女士看起来很老，人们也把她当作上了年纪的人对待。关键之处就在这里。电影里提到了她的年龄——她和我一样大。我花了几秒时间才将自己和她联系起来。我知道我不必在外表和举止上和她一样显得那么老，但我必须和老年达成和解。

生活中，不是只有这么一个瞬间会让你感觉到自己的年龄，你会不断经历那些使你吃惊的瞬间。这些经历会促使你重新思考生活和身份。每个瞬间，生命的年轮都会转动一下，使你产生新的认知，推着你往前迈进一步。尽管这一步微不足道，但累积在一起，就会恰到好处催发你的成熟。你的任务就是接受时间和命运的改变，并同时享受内心里没有被打垮的年轻。如果拒绝时间之旅，你就不会有那份年轻。内在的年轻和年龄的老化是一枚硬币的两面，相辅相成。

我见过很多作家，他们似乎对成熟之旅还没有准备好。他们想快速成功，想要自己的作品获得认可和赞美。他们寻求我的帮助，但我知道成为作家的过程不会自动发生。你得做足功课，经历不同的开始，自身也要成长。这样才会有成功的可能。当然，也有的作家侥幸获得了成功，但是他们永远也享受不到发自内心深处的喜悦和圆满感，只有真正有创造力的作品才能带来这些。

经历人生的隧道使人进步，改变并成长都需要这种不适期，这对所有成熟老去的人来说很重要。成长的时刻，也是最令人痛苦的时刻。你明白了这一道理，将有助于你正视困难和发现挑战中的正面潜能。它也让你懂得，人生交织着痛苦和快乐、顺境和逆境。这样，当人生之路变窄，迫使你去适应时，你就不会在绝望中崩溃。当你接受这项挑战时，依然敢于经历下一段旅程。

成熟老去，你会变得更深沉

Ageless Soul

第二部分

你可能永远也找不到通向灵魂之路，无
论你行走了多少路，它的意义都是如此深远。

——赫拉克利特

第四章

忧郁：通向幸福之路

我们生活得如此微不足道。这种微小存在就如同中国丝绸上轻薄通透、肉眼难辨的线条，层层叠加，微妙隐约，即便如此，却依然可以将一张生动面孔传神刻画。我们的存在何其短，就如同一段小曲，一首独特而艰涩的旋律，但即使我们不在人世，它依然飘荡回响。这微小存在就是现实生活的美学，是古老珍稀恒久不变的存在。

——詹姆斯·希尔曼

面对垂暮之年的到来，你的情绪无比低落。因为生命已慢慢走向尽头，你的体力已不如从前了，身体变得僵硬，记忆力也在衰退。朋友们相继离世，你也为自己的健康担忧。晚年生活有什么让人喜欢的地方呢？其实，和渴望与喜悦一样，晚年忧郁是一种再自然不过的情绪，如果你不能与忧郁和平共处，即使身处幸福之中，也可能觉察不到幸福。

随着天命之年的到来，内心自然会失落无比。对此，你无须采取药物疗法来控制，或假装开心去打败它。事实上，如果你能接受这种自然而来的低落情绪，就会发现它只不过是一种情绪而已，没有那么难以应对。对于那些时不时浮现或汹涌而来的情绪，远离它，少些抵触心，专注于当下能做好的事，你会拥有更多的生活的力量。

我的看法是，不要将这种正常的情绪低落称为抑郁。"抑郁"这个词是医学术语，医学界通常借助抗抑郁药物来应对，即所谓的对抗疗法。给低落情绪做病理性命名会让你感觉更糟糕，会让你认为伴随迟暮之年而来的忧郁是一种疾病，似乎只能靠治疗才能消除它。

我们还可以用其他方法来代替对抗疗法。一种方式就是，详细说出你的感受。如果你觉得情绪低落，就称其为情绪低落。如果你觉得伤感，就称其为伤感。如果你感到生气，就用你的声音清楚表达出你的生气。详述内心的感受，情绪问题就会得以缓解。

另外一种就是用一个非常古老的、你几乎很少听说的词来取代对抗疗法，即忧郁。忧郁不具有医学层面的意义，你不会因为忧郁而去看医生或到药店买药。各种关于抑郁症症状的警示性布告几乎随处可见，但你不会看见有关忧郁的警示标语。忧郁要比情绪低落更深一层，意味着活力的消失，但它不是疾病。

一个多世纪以来，人们普遍认为忧郁和暮年有关。忧郁（melancholy）这个词形成于中世纪，由 melanis 和 choly 组成：melanis 是黑色的意思，choly 是古典时期医学术语"胆汁"的意思，也称"黑色体液"。医学体液学说认为，人体器官会分泌四种不同颜色的体液，每种有着与之相对应的脾性或性格特征。而黑色体液分泌过多的话，人就会意志消沉。黑色体液，这听起来不好听，但说明忧郁是生命的自然现象，如同器官分泌体液一样。

忧郁这一黑色体液不是疾病，而是一种状态。它可能是性格里自带的特质，或是由某种环境而引起的情感，也可能是因某种生活方式导致的。意大利文艺复兴时期著名的人文主义哲学家马尔西利奥·费奇诺，在其著作《生命三书》的第一卷《论健康的生活》中，论述了应对忧郁的方法，推荐了一些对身心有益的书籍和音乐，除此之外，他还建议："你应该时常凝视波光粼粼的流水，绿色或红色的东西；在花园里、果园里，沿着河流，或在美丽的草场上散步；骑马、徒步，或乘着帆船静静地漂行；多做些轻松愉悦的事情，时常和性情随和的人在一起。"

简单而又寻常的活动有益于健康，可以缓解忧郁这一黑色体液带给年长者的折磨。但如今，我们已经遗失了费奇诺的生活智慧。我们没有意识到求助大自然来改善健康和心境的重要性，不对自己的交往进行筛选，也忽略了花园和树木的价值。值得一提的是，波光粼粼是关键，并不是死气沉沉的水也可以。要计划好散步的时辰，以便正赶上水面闪着波光。

如果你对时光流逝感到忧郁，就不要压抑这种感觉。你应该找一个人倾诉，然后去做些事充实自己的生活，以此对抗忧郁。如果你抑郁成疾，我建议你查下忧郁的来源。借助在大自然中所体验的积极感受，以及和友善之人相处的愉悦经历来安抚自己，使自己高兴起来，这是值得的。

忧郁是自然的生命现象，它是一种性格特征，你可以顺其自然地由它去。不去抑制它的存在，有助于将它限定在自然范围内，不再往深里发展。如果你过分关注它，它就会成为一个问题。

希尔曼总是将自己的愤怒表达出来，当愤怒想要发作时，他就任由它发作。看他的照片，你会察觉到他的愤怒，哪怕他是在微笑。他随时会跳起来打一架。我也是如此，我天性忧郁，虽说它并不妨碍我的幸福感或幽默感，但是它影响了我的想象力，就和希尔曼的愤怒影响了他的想象力一样。

最近，我看见自己的一张照片，倒吸了一口气。看看那伤感的眼睛，我在想，这伤感是否源自4岁时那场差点丧命的经历。

我们和牛一样，总是咀嚼过去的记忆，试图理解其意义，以达到内心的某种平静。前不久，我对妻子说："我总也忘不了那件事，我差点淹死在湖里，祖父为了救我而丧生。"真的，我经常回想4岁那年的经历，思忖其中的深意，推想它是不是我有时觉得害怕的原因。但是我也在想，那场危险吓人的经历给予了我什么。有时我认为，它使我养成认真学习、时时反省的生活态度。

幼年时，我父亲的父亲，也就是我的祖父，有时会带我到小湖上钓鱼。有一次我们冒险划船进入了一个大湖，大风刮起，吹翻了小船。

祖父竭尽全力把奄奄一息的我救出来，拼命将我弄上翻了个底朝天的船底。最终，他被淹死了，而我被及时救上岸。他不是那种被很多人喜欢的男人，但他为救我付出了自己的生命。该怎么看他的无私奉献？也许那天我懂得了，不要将所有男人污蔑为父权制的代表，要为男人说话，不要将他们作为一个阶级一棍子打死。

这场意外也使我和死神擦肩而过。4岁的我，在一张大大的床上恢复了意识，全身被床单和毯子紧紧地裹着。听见有人在说起"殡仪服务"，我自然而然地以为我死了。我无法动弹，因为床单裹得太紧，房间里的说话声很低，很肃穆。我就像年轻的考古学家所写的，在某种人生仪式中，人被埋在树叶之下，人们就当他死了，为他哭泣，然后他复活，在部落里开始新生命。我初次踏入人生旅程是在4岁，这为我以后终身致力于精神世界探索做了铺垫。

幼年时期的这场意外使我变得成熟。这之后，我就和家里的其他孩子不太一样。当然，男孩子气的庄重一直是我性格和身份的一部分，我相信这和死亡擦肩而过的经历有关。

70多年来对它的反省，促使我成熟，使我成为自己。这个意外事件就是人生经历赠予我的礼物之一。它至关重要。我经常想起这件事，它影响了我。

我也思忖，13岁离家只身前往修道院寄宿学校所带来的强烈思乡之情，是否影响了我，造成了这种轻度的持续伤感？不论根源是什么，忧郁很适合我。它使我安静，我喜欢这种状态。如果排斥或竭力控制这种忧郁感，我将会失去激情和快乐。忧郁是通往幸福的路。

诗人华莱士·史蒂文斯写道："一个神死了，诸神都跟着陪葬。"我认为这句箴言也适用于情绪。压抑你的伤感，你所有的情绪感受都会受到影响。情绪是个集合体，你无法在其中挑出你喜欢并接受的那一个，拒绝其余的。

土星系人

早期文艺复兴时人们认为，黑色体液有其好处。我们需要记住，在所有色彩中，黑色很具美感。首先，忧郁赋予你气质，即庄重。很多人感觉不到生活中的严肃感，他们轻松度日，恣意人生。忧郁使你放慢脚步去思考。黑色体液中有一个传统形象，就是一个老年男子双手抱头。罗丹的著名雕像《沉思者》就是其代表之一。这个姿势，是佛教手印或宗教教义的表达姿势，说的是一个忧郁缠身的人需要停下来，反省人生，以此获得某种程度上的庄重。

忧郁这种土星精神①是优质人生所需要的，有助于我们逐渐认清人格，辨清态度和行为。借助它，你能感觉到内在的力量，而不是让他人替你做决定。你也许更相信自己的学识、本能，以及体验，从而掌控自己的生活。在《生命三书》里，费奇诺说，古人用蓝宝石将土星塑造成一个老年人的形象，他坐在一个宝座上或骑在龙身上，头披黑色亚麻布，身着深色长袍，双手举在头上，拿着一把镰刀或鱼。

这解释了忧郁的某些功用，它可以将我们安放于自己的人生宝座之上，掌控我们的人生，而不是消极地忍受它。老人头上披着亚麻布意味着，生而为人就应该待在幽静之处；而戴上宽边遮阳帽意味着，如此就不会总是暴露在情绪的烈日之下。土星是一个遥远的星体，代表偏远和安静。如果听从费奇诺的建议，当老年时感到忧郁时，我们就可以以某种方式遮住头部，找到怡人之处远离尘嚣，从而获得生活的掌控权。

如果忧郁太过沉重，就需要处理它。费奇诺建议我们穿白色衣服，聆听欢快生动的音乐，尽可能到户外走走。我认为，可以两者兼顾：接受忧郁，真正深入其中，同时多做些能带来活力及能量的活动来缓解它。

━━━━━━━━━

①从现代占星学角度去看，土星依旧不能称得上是"令人愉快"的行星。当土星正向发展时会表现出吃苦耐劳、愿意承担责任、有耐心、有组织力、可靠等特质；但如果朝负向发展，则常常跟抑郁、忧郁、失败、孤独、拒绝、缺乏自信、恐惧、限制，以及沮丧联系在一起。

我几乎天天都能感受到老年人的忧郁。我希望我可以一直活下去。我一点儿也不喜欢死亡这件事。它迫使我在某些方面做出让步，我对此并不喜欢。更让人沮丧的是，我们对死一无所知。我们只能寄希望于来世。伍迪·艾伦有句名言："我不怕死。只是当它来时，我希望我不在那儿。"这正是我的感觉。我能理解死亡的感觉，但我从来没有为死亡做好准备。

希尔曼有次注视着我，就好像下挑战似的，说："在死亡这件事上我是个物质主义者。我认为死亡是生命的终点。"我们是好朋友，但是他从来不喜欢我身上的那种僧侣气质。我觉得当他宣称自己是个物质主义者时，他是在对一个僧侣说话，其实他本人一生中大部分时间都在反对物质主义生活。

过了古稀之年以后，忧郁来自很多方面。妻子对我说，她总是在晚上感到忧郁，而这种感觉是成熟老去的一部分。我和她几乎相反，我总是在早晨感觉到忧郁，总是在想还能不能看见清晨的阳光。每个人对忧郁的感觉都不一样。

我前面已经提过了，当我看见别人一头没有染过颜色、天然的浓发时，就会陷入忧郁之中。以前我的头发也是如此浓黑发亮啊，我好希望自己依然有青春，有棕色头发，有无数的清晨。这种念头一闪即逝，但足以使我陷入忧郁之中。

在寻找方法解决这恼人的忧郁时，我意识到我得接受它。它不会消失，也没有更好的替代方法，接纳是唯一的选择。忧郁让老沁入我心里，将我变成一个真正的老人。不要总是想着如何扭转它，年龄不饶人，就随它吧，老就老。不找借口，不逃避，不溜走。

我在主持周末学习班时，一位老妇人坐在前排，从她身上我看到了生命的活力和思维的活跃。她说："不强大点儿挺不到这一天。"她的至交大多数已溘然长逝，她越来越老了，朋友也所剩无几了。当她为此唏嘘不已时，我想起了我父亲，他在百岁时提到了所有的朋友，历数有哪些已经与世长辞。这让人伤感。

但好的一面是你还活着。你拥有老年馈赠的礼物。你还有新朋友，有机会去经历那些已经走了的人无法再经历的事。你可以发现命运的动人愉悦，是上天赐你活到今日。你不需要陷入低落的情绪之中，不能自拔。

不光是在老了以后，在各个方面，在人格、阅历、能力、缺点、学识和无知等方面，都要忠于自己。这是活着而不陷入重度情绪化的关键。大多数人或多或少都不太重视自己的天性和经历。他们不以真实面目示人，不说真话，撒些小小的谎言，将自己伪装成另外一个样子，迎合他人来掩饰自己的真实想法。你不需要这样做，应对忧郁的一个好方法就是让人们看见真实的你。

有句老生常谈的哲理："存在就是被感知。"要想拥有生命的活力，就需要被看见。当你以真实面貌示人，你就拥有自己，拥有当下的存在。

应对变老的一个策略就是让你自己被看见。不因为年龄回避公众场所。不要找借口。让人们看见真实的你，哪怕你深棕的头发已经变得灰白。

几年前，一大群人挤在公共图书馆的地下室，聆听诗人唐纳德·霍尔朗诵诗歌和演讲。他那时 80 多岁，听到他的朗诵，看见他在公共场所尽情展示自我，我决定以后也像他这样。但之前我不是这样想的，那时我想掩藏自己的年龄，不想被人看见年迈体衰的我。但是霍尔落落大方地出现在大家眼里，朴素无华。他使我大胆地想象做自己可以做的事，做演讲、教书，只要我能动。

如今很多人都意识到凝视的重要性，我们应该集中精力关注这世界的特别之处。但是我们也需要被看见。我们需要成为凝视的客体。在成为一个真实的人的过程中，我们需要他人的目光。我们需要大家看见我们真实的样子，有出众之处，也有不完美之处。

让你忧郁的心情被看见，这会给你更丰满的存在。如若不然，你只能是部分存在，因为忧郁是你之为你的一部分。我们不是自己创造出来的，而是被创造出来的。我们需要去展示我们已经变成的样子，而不是我们想要成为的样子。在展示中，我们成为自己。

忧郁应该是深色的

当你说你忧郁的时候，也许心头还萦绕着随之而来的念头："我应该愉快起来。到底是什么问题，让人们不喜欢我？"

我们倾向于将忧郁病态化为抑郁，认为是一个问题而非合乎常理的心境。但是你得想一想那些总是快乐的人，没有人总是无缘由的阳光灿烂。事实上，我认为，长期的不可思议的快乐是种情绪失常。

在忧郁中，你也许会发现自己最不为人知的地方，或发现你的世界和愉快的气氛无缘。这种生活状态也许有助于你认识到自己某些方面需要做出改变，你对目前的环境感到不开心，某种人际关系不适合你，你的创造力在沉睡。这种灰色的心情就像一个滤网，使你看见被阳光遗忘的地方。

《道德经》说："祸兮福所倚。"依照这一思想，可以认为，快乐自忧郁中来。这两种情绪主宰着所有人的生活，忧郁也是快乐之母，是根源也是沃土。接受忧郁在内心的一席之地，你更有可能体会到深深的幸福。

请让我更近一步解释。人们寻求快乐仅仅是为了逃避不开心，或用心理学术语来说，快乐是一种防止不快乐的心理防卫机制。我们不想不开心，或显示出不快乐，于是表现出让人看起来我们幸福快乐，但这不是真实的，至少也是肤浅的。虚假的幸福和快乐并不会令人满足，与看起来心情低落相比，它也只不过是暂时感觉会好一些而已。

下面这段道家箴言也富有深意：

圣人方而不割，

廉而不刿，

直而不肆，

光而不耀。②

我们可以加一句："忧郁而不抑郁。"

《道德经》建议人们不要将情绪表达得太过极端。不掩藏，但又不让情绪失控。这关乎"阴"和"阳"的平衡：表达你真实的感觉，但试着含蓄点儿。

应对忧郁的第一点应该是，意识到你无须去驱逐或治愈它。你可以对人们说起它，而且你也要接受它。你可以根据忧郁去安排你的生活，而不是设计你的生活去维持一个虚假的快乐感。你可以不去参加聚会，暂时性地独处。我不是说你应该屈服于忧郁，变成一个厌人类者。我是说，先承认和接纳忧郁，直到它完全变成生活的一部分。这需要一段时间，还需要你为此下点儿功夫。

讨论忧郁对我来说是种疗愈。我前面说过，我有着根深蒂固、神秘复杂的伤感情绪。我觉得我可以积极老去，但有时也会情绪低落。谈论各种情绪，有助于记住这些情绪。我可以承认我的伤感，但仍然会感受到老去时的快乐感。成为一个真实的人，对变老来说很重要。这就是我所说的和灵魂一起成熟：

---

② 出自老子《道德经》，意思是圣人方正而不生硬，有棱角而不伤害人，直率而不放肆，光亮而不刺眼。

你变得更老，但有着各种感情体验，并且有时它们会彼此干扰。一个有灵魂的人可以盛得下所有的情绪，而不会被压垮。这是必要的功夫和技巧，没有它是不行的。

请记住《道德经》的这几句话：圣人方而不割，廉而不刿。刿的话就会强加于人，但态度也不要太过柔软。这和忧郁如出一辙。你可以伤感，但要自然接纳它，而不是为此而抑郁，使周围的环境也变得抑郁。和忧郁之人相处不易，但忧郁也可以抚慰人心。

我生活里有两三个朋友，他们情绪起伏很大，有几天是兴高采烈的，而另一些日子又很忧郁。这两种情绪我都喜欢，但还是更偏爱忧郁。和开朗明快相比，情绪不佳时似乎更能容得下友情。这并不是说情绪低落比心情愉快要好，低落情绪的可贵之处在于，你不总是处于"亢奋"状态。

《道德经》给予我们的启发就是，顺应压在心头的情绪，不管这情绪是伤感、怒气，还是欲望，都要张弛有度。当你觉得自己被情绪掌控了，要将此表达出来，允许它对你造成影响，你就可以对生活做出适度的调整。如果生气，言谈举止间可以表露出来，但不要失去对它的控制。

比如，你可以采取费奇诺的建议，配合忧郁情绪去穿着深色的衣服，戴遮阴的帽子、头巾和面纱。独自去散步，聆听冥想音乐，手边放一幅有关大自然的黑白艺术照片。你可以多睡会儿，动作从容一些，少说些话。这些活动有助于你和忧郁心境保持一致。认可它而不完全屈从于它。

与忧郁的相处之道

我们大部分人都不喜欢变老。我们缅怀昨日，希望身体一如既往，我们想念逝去的朋友和爱人、家人和同事。这是种自然而生的情绪，可以理解却无法消解，因为这是生活的一部分。

著名的高尔夫球运动员阿诺德·帕尔默，在 2004 年迎来了职业生涯的最后一场大师赛。他说："这个星期过得很艰难，因为我将退出江湖，从此将不再为胜出而战。是的，变老如同下地狱。"

但是变老并不一定能打垮我们。我们依然可以做些什么，而不必将变老视为终极结果，束手待毙。

其实，退役后的阿诺德和球场上一样出色，他将高尔夫这项体育运动带到了一个新高度，年事已高的他培养出了很多的年轻选手。

你也可以欣赏充满忧郁感的音乐和油画。如果你感觉情绪低落，听一听塞缪尔·巴伯举世闻名的《弦乐柔板》，或者约翰·巴赫的《G 弦上的咏叹调》，以及其他忧郁风格的乡村音乐。艾瑞克·克莱普顿的《今夜多美妙》，忧伤而又浪漫，让我颇受触动。威利·尼尔森广为人知的《九月之歌》讲述了忧郁的爱情。莱昂纳德·科恩的《苏珊娜》糅合了忧伤的情歌和宗教冥想。但每个人的音乐喜好不同，你得找到适合你的歌曲或乐章，陪伴此时正在伤感的你，恰如其分而无违和感。

视觉艺术也可以调动你的想象，让你脱离当下的情绪，心境自然会清幽很多。充满想象力的画面可以带走内心中激烈的成分，它将人类的某种情绪凝聚并赋予它某种深意。那些来势凶猛、无故而起的情绪最让人难以应付。一幅画面无法消解全部的情绪，但可以将它变得不是那么尖锐强烈。

电影《楚门的世界》就是个很好的例子。楚门是真人秀的主人公，但他并不知道他所做的每一件事，都被电视屏幕前数百万人观看。他生活里的每件事都是设定好的，他生活在一个巨型摄影棚里，他接触的每个人都按照剧本说话做事。最后，他发现了通向真正天空的钥匙，逃出去开始了自己的生活。

这个电影提醒人们去寻找希望，发现自己的生活，不再按照社会认可或鼓励的方式生活。它也许会使人们更清楚地认识到做自己的重要性，以及随大流所带来的空虚感。有些电影可以帮你看见一些重要的东西，而这些通常被人们视而不见，或因为干扰了生活的欢乐而被摒弃。

视觉艺术是我们生活的一部分，我们在其中获得启发和洞见。这就是为何我们会反复听一支乐曲或歌曲，让它进入我们的心里，对我们产生影响。如果你情绪低落，艺术可以将你的情绪表现出来，化解它，甚至改善它。艺术会带走沉重的情绪，缓解你的压抑。

如果能自己动手去做些和艺术有关的事情会更好，比如弹奏乐器或谱曲。唱歌也是一个很好的选择。放开声音，随心去唱，这样能舒缓情绪，慢慢从烦恼情绪中解脱出来。然后再去进行艺术创作，比如画一幅画，或写一首诗，你会获得宁静。你能够感觉到烦恼情绪的消失，不再觉得被它所支配。艺术能让你从消极的情绪中解脱出来，变得富有创造力。

忧郁和天分

如果你将忧郁视为人生的一部分，不完全屈服于它，就可以成为一个有思想、说话有分量的人。你不断反省人生，思忖生活里的逆境，然后才能营造出一个含蓄睿智的生活氛围。这一原则也适用于走向成熟的晚年。你的天分将会浮现出来，你不再总是想着过开心快乐的生活，并开始欣赏生活里的五味杂陈和艰难不易。

无论是过多的兴致高涨还是多愁善感，都不利于成熟老去。你视青春为宝，对其宠爱有加，其实青春也有青春的痛苦和烦恼。头发由黑变白使我多愁善感，但如果伤感过度，我会错过晚秋之美。唯一的方式就是容纳生活里的忧郁，在前行中成为忧愁的莫逆之交。

亨德尔在《弥赛亚》中，引用了《以赛亚书》中的一段话，大意是：常经忧患之人是值得信任的人，更容易让人产生亲近感。

接纳忧郁，但不让它成为抑郁，是颐养天年的有效方法。你诉说你的忧郁，不美化、渲染它。就随忧郁去好了，无须过于担心它的出现。你也不会因为拒忧郁于千里之外而成为大英雄。

年迈当然让人伤感，忧郁之苦也许可以很好地陪伴你，从老之将至直到风烛残年。这种苦让人惴惴不安，消耗、带走你的快乐，但它使人生深沉，使你睿智而善解人意。这只是众多苦中带甜的礼物之一，我们得习惯它，这样才会明白生而为人的真谛。

第五章

加工提炼人生经历

是的，遗忘可恶之至，尤其是老了的时候。但和记忆一样，遗忘也是健康大脑的重要功能。

——迈克尔·波伦《植物的欲望》

一个 65 岁的男士来做梦境分析，他也是个心理治疗师。他熟知人性的复杂，生活也顺风顺水。他似乎解开了过去生活里的疙瘩，与自己也相处得很好，有很多至交，对科学、艺术以及灵性生活都很感兴趣。他说起了自己的家庭生活，孩子都已长大，而且结了婚。我很欣赏他的淡定和丰盈，也很想成为他的朋友，当然我知道，如果你本人也是一个心理治疗师的话，在这种关系中很难放松下来。

大部分时间，我们都在讨论他的梦境所暗含的意义，因为这似乎和他如何应对目前生活中棘手之事有关。但是他的梦境和很多人不一样，里面不涉及流血、争执、偏执、解释或迷失。甚至他的潜意识也很平静有序，没有什么特殊之处。

他曾经做过一个梦，在梦里他在给一群年轻人上课。这时一个"委员会"的人告诉他，他们不认同他所教的东西，决定解雇他。离开学生让他很悲伤。他喜欢教师这一职业，但委员会不支持，他也没办法。

我们就他的梦讨论了一会儿，没有发现其中的特殊之处，这让我感到很失落。通常，我会从患者的梦境里分析出某种象征意义，从而对他生活的某一方面做出解释。但是这一次，我不知道他的梦到底在表达什么，和他的生活到底有什么联系，传递了什么主题或真相。

我知道这位来访者曾经和教堂以及单位有过不愉快的经历。他性格比较安静，不是十分合群，单位里的人都不喜欢他。他有那么一点儿叛逆，因为立场，他丢了好几份工作。

但是他如今已经退休了，不需要再服从任何组织或单位，再也没有任何"委员会"能给他造成烦恼。他自由又轻松，无须听从任何人。那么这个梦到底暗含什么意思？

我不认为这个梦没有任何深意，是我们自己无法洞察这个梦的意思。我对自己说：他会觉得这场会谈没有任何价值，他退休了，没那份闲钱花在一个无法帮助他的心理治疗师身上。我觉得自己面临一个难题。

然后我仔细想了想他的过去，担任不受人喜欢的职位，并被委员会威胁。也许他退休后不再面对这种问题，也许他试图从问题的影响中走出来，也许那种被排斥的强烈感情仍然在他潜意识里作怪，使他不安。

这样想通了之后，我又发现了新的线索。我一直依照字面意思去理解梦中的委员会，其实，每个人的潜意识里都有一个自己不得不听从的委员会，而有时你会辜负这个委员会或使它失望，因此这个委员会不会饶过你。我思忖，我的这位朋友是否为过去生活里所有的否认悲伤，就好像那是个集体惩罚。

在后来的交流中，我们直接探讨了他作为一个失败者的感受，但是这种感受在他潜意识里并不起支配作用。因为，总的来说他还是快乐满足的。但即便如此，他仍没有消化掉过去的一些心结。我认为，"委员会"是从前埋下的症结，仍然在蚕食他现在的幸福。我们最终厘清了他过去的个人历史，使他获得了深层次的满足感。

消化过去的经历

灵魂成熟意味着你需要在本质上成为自己。经常梳理过去的经历，带着好奇之心，一遍遍地讲述自己的故事，你会对自己更了解，并依此调整自己的言行。讲述自己的故事时，你会以更深的层次洞悉自己的命运，发现自己的身份。身份和自我没有关系，它会逐渐地从灵魂深处出现。

梦见自己不得不服从"委员会"，也许反映了他在学校的经历，这和我总会想起和祖父在船上濒死的经历如出一辙。对我俩来说，那些过去的经历有着很深远的意义，继续影响着现在。但很明显，梦是一种诉求。我们所能做的就是，记住、思考、探索、认真对待它们。

至关重要的"原材料"

不断反思琢磨过去的事，是心理治疗中常用的方法。每个人的生活里都有几件事，决定了你的生活状态。对有些人来说，可能是父亲或母亲的感情问题、创伤性经历、受到某种虐待、一个亲戚或老师的帮助、重病、意外、跨地域性迁移。每个人都有一个故事，从中可以窥见某些重大转折点或影响所留下的痕迹。

对这些事，尤其是对那些影响着现在的事件的分析和思考，是走向成熟的主要功课。如果我们对这些事不管不问，它们就会阻挡生活的流畅度，对自己造成干扰，影响成熟的进程。它们会一直出现在交谈中、思想里、梦境中，渴求被关注。

在心理治疗中，我曾经接触过很多四五十岁的女性，无一例外地，她们都很难让自己的生活走向正轨。她们无法获得一个稳定的亲密关系或满意的工作。她们面临的共同问题就是父母婚姻不和。

一般情况是，父亲不知道如何在亲密关系中和另外一个人相处，总是用极度的沮丧和失望来控制家里的每个人，这不但剥夺了孩子的爱，也使孩子成为强势权威和长期性怒火的受害者。母亲总是姑息迁就、忍气吞声的那一方，无法为女儿或儿子挺身而出，无法给予他们心灵上的慰藉。

这段描述是我对很多故事的总结，可以说是现代西方生活的写照。我们不擅长处理婚姻的动态情形，而这些问题会延伸到孩子们身上，孩子们会最终发现失败的家庭养育给他们带来的影响。人到中年，这种影响令他们痛苦。父母在婚姻中的问题是一个孩子过去的一部分，有时会阻止孩子顺利成人。

如今，父母是一个重要的角色，但很多时候我们都没有父母意识，如此一来，父母的失职无形中给孩子心灵造成了深层的不利阴影，阻碍他们成熟。显然，我们需要给予婚姻，以及养育孩子的态度和方法足够的重视。

有些人喜欢将人生分成两半，一半有着其任务，另一半转向不同的方向。我更赞同在多重阶段中展开一个完整的人生。

也许我自身的经历影响了我，我的生活总是充满了突然性和转折点。我有很长时间的学徒生涯：13 岁离家，在修道院踏上独特而又充实的人生旅途。人们经常对我的这段生活充满好奇，虽然对我来说这并无惊人之处，因为这在 20 世纪 50 年代很常见。我在不稳定中度过了几年，寻找自己的出路，然后在宗教学博士学习中找到了自己的定位。这显然是我修道院生活所致，但是博士学位的学习拓宽了我的世界观，将我带入和灵魂有关的写作人生。随后，在詹姆斯·希尔曼手下以及他的团队里做实习生的经历使我完成了自己的学业，给我在灵性领域的习得注入了心理学的深度。

50 岁时，我为"毕业"做好了准备。我结了婚，这是第二次婚姻，有了一个女儿。同时，《心灵地图》的出版取得了成功。所不同的是，我的大部分同事都有了孩子，很早就取得了事业的成功，与之相比，我的人生急剧变化。我的人生弧度上有着五六个重大转折点。

我人生的前 50 年，阶段性很清晰：无忧无虑的童年；品尝到死亡的滋味；进入广阔的精神世界并学习；一段不稳定的迷茫期；深入学习以及将灵魂和精神连接到一起的经历，也许可以称为心理学和灵性领域的结合；最后，为人夫为人父，以及在社会中成为精神导师使我的生活得以圆满。

50 年是很多经历的圆满集合。快乐童年使我成为快乐的父亲，早期希望成为神父的愿望出人意料地使我在世俗世界中担任类似神父的角色，成为一个灵修作家和导师。前面提到的在治疗时接触的女士让我感到，50 岁是一个在亲密关系和工作中找到稳定基础的时候，但是童年的阴影影响了现在的人生道路，很多人不得不更努力地加工这些"原材料"，然后才能过了这个坎儿，优雅老去。

我的一个来访者一直记得 12 岁时发生的一件事。因为她违反了父亲定下的一个微不足道的规矩，父亲竟然对着她大吼大叫。父亲不理智、不宽容的怒吼是她以后生活中为自己定位的早期场景之一。长大后，经过几次不同的心理治疗，她发现很多时候都是自己给自己定"规矩"，即在生活中总是屈服类似父亲形象的男人。对原材料的加工并未结束，她依然在旧的心理模式里挣扎。对这位女士来说，在这种旧的心理模式下与一位男子建立亲密关系，是永远无法期待完整或完美的解决方案的。

我们都有心理原始材料需要加工。"加工"这个词在我的理念里指的是荣格的炼金术。他对炼金术进行了大量的研究，并以此解释了人生过程，这种方法可以使我们安度晚年。炼金术将成为成熟之人的过程称为 The Work，即加工提炼，如同炼金。加工提炼不是一个挑剔的自我想弄明白生活，并努力过好人生的过程，它是指经历不同的人生历程，即各种启程和人生仪式，因为我们需要这些经历才能成熟，并智慧地使用各种反省方法，将自己从顽固不化的心理旧习中解放出来。

炼金术是一个成就独一无二的你，并发现你的潜能的过程，从中可以找到那个潜藏于所有心结之下的金子般的自己（真正的自己）。炼金术是一个过程，和化学实验一样，是精细地对各种材料的属性和可能性进行提炼的过程。也就是说，生活就是对你进行加工提炼，并使你成为一个真实而独特的人。

如何处理具体的原材料

"反省"（reflection）是个寓意很深的词，它有两方面的含义。一方面是指"折回"（to bend back）这一行为，即当反省过去对现在造成的影响或和现在的关系时，折回去看过去发生的事。另一方面是指出现在镜子里的折射物。我们在镜子里所看见的折射物，就是镜子前面的事物。我们从不同的角度看见自己，从而理解自我的很多层面。我们在内心看见的东西，是现实世界的折射，反之亦然。

反省生活里的经历对现在的影响时，我们会折回到过去。过去是我们自身映像的丰富仓库，它影响了现在。有时我们对过去感到害怕，因为它曾经带来痛苦。但是我们比自己想象的要坚强，能将过去带至将来，从而造成错综复杂的现在。

因为对过去的恐惧，我们会说些无足轻重的话试图保全自己。但开诚布公的交流是一种反省，我们讲述自己的故事，不去过度筛选什么可说什么不可说，就可以很轻易地发现，你是在展现自己的人生故事，还是隐藏了某些你害怕暴露出的细节。

你也可以一遍遍地通过思考来反省。你可以和亲密的朋友或家人聚在一起，坦承自己的生活经历。对过去的披露是对曾经发生在你身上的事进行认知理解的第一步，这甚至会带来新发现。你可以用自己熟悉的方式来讲述，然后补充一些你忘记或深埋心底的细节。坦承过去，可以让你感受到过去经历的意义。然后，你可以更好地做自己。

一个人说："我从未对任何人讲过这些。"这就是一个特殊时刻。对于说话者来说，他在放下一个屏障，这样一来，就会出现新的改变。虽然这并非就是反省。但这个时刻可以使你反省藏匿于心底的人和事。这就是你前进的一步。

如我所说，荣格把用炼金术对实体进行提炼的过程，比喻为对心理原材料提炼灵魂的过程。这份材料被炼金方士称为prima materia。Prima 是指"第一的"，但它也是"原始的"或"原料"之意。我们通常称为"原材料"。

炼金方士将实体原材料，即各种物质，聚集在一起，放进玻璃容器中，然后和其他材料混合，加热并进行观察。我们对记忆和思想的加工也是这样的。我们将潜藏在内心的东西拿出来，放进容器里观察。坦诚的对话就是这个容器。它使我们可以不断在其中加入材料，汇集起来，进行加工，使我们对这些材料进行近距离观察，这就是反省。类似的容器可以是正式的心理治疗、家庭团聚或者写日记。

心理治疗是一种精耕细作的谈话，关注的是灵魂材料：记忆、想法、感情、各种关系、成功和失败。我们将这些放入进行反省的容器里，它们可以被看见，可以被细致集中地分析。我们需要容器来盛放我们的人生材料，它让我们对这些材料进行观察，并鼓励感情的热化和转化。

治疗最困难的事是没有材料和容器。某天，一个男士来见我，急切想知道心理治疗对他有何作用。第一次会谈时，他走进房间，坐在那儿，什么也不做，一句话也不说。我问了他几个问题，他只是含混不清地说了几句话，听不出任何意义。一个小时后，没有材料也没有容器。之后，他再也没出现过。

也许其他的心理治疗师可以更好地处理这种情况，但我觉得那位男士正处在无法敞开心怀的某个点上。没有材料和容器，我们什么也做不了。我能想象出来，我妻子会引导他画画，做些瑜伽动作，以此来让他敞开心扉而有所获得，但我不具备这种能力。如果像神父一样，鼓励他对我告解，也不得体。事实上，我也清楚地说明，他还没准备好进入灵魂深处。也许我不是帮助他的合适人选。我尊重他的做法，也不勉强他暴露自己的内心。

如今，很多人对反省不感兴趣。现代生活讲究的是行动，或对所做出的规划、对所做的事进行评估，从而使其得以改善。但这并不是反省，不是真正意义上的折回过去思考。评估只是利用过去来获得一个更好的将来。

反省所起的作用不涉及评估或规划未来。在反省中，我们触摸我们的本质状态。通过反省，我们变得更有思想，这种转变是走向成熟的一部分。

住在修道院，曾有一段时间，我们作为一个集体聚在一起，在一个年轻而又智慧的会长的引导下，对不久前发生过的事进行讨论。我们的目的不是对这件事进行评估，然后下次将它做得更好，而只是去观察，在反省中，我们脑海里浮现出了什么画面。我们认为，围绕共同的经历然后进行交流对大家都有好处。

反省能使本心得以展现，而非行为；走向成熟和你知道你是谁有关，而非你所为。如果你总是顺顺利利，却不对内心进行深思，变好的只能是你的外部生活，而不是你的内心生活。在反省的帮助下，你更贴近自己的感情，以及事件的意义。

很多人注重做出行动，忽视反省。我恰好相反，但我也钦佩那些在行动上对社会做出更多贡献的人。

反省有助于培养内心生活。内心生活是一种容纳事物的能力，可以装下某种情绪，而不为其所动，可以觉察到这种情绪的细枝末节、含义以及特性，将它和其他经历联系起来，并意识到这份情绪的价值。它也是一种能透彻地看清事物本质的能力。

拥有了内心生活，你就是个不同寻常之人。你不再是一个单一的人格。你丰富深邃，谨慎周密，但不失诚恳。灵魂的成熟也是如此。所以，培养你的内心生活和优雅老去是同一回事。

最终，你会变得"双人合一"。一面为大家所熟知，还有一面几乎不为人知，但同样非常重要。含蓄的自我并不是一件坏事。这只是一种内心生活，不轻易示人。这种低调的内在赋予你耐人寻味的内涵。

1980 年前后，我结识了帕特·托马，并和他成为好朋友。他以前是个职业足球运动员。我们一起出去玩的时候，人们总是会注意到他的超级杯指环。我和帕特认识是因为我们都对欧洲文艺复兴法术感兴趣。如果你发现了帕特的这一面，你会意识到他是一个非常聪明的人，知识丰富而且理解力非常强。帕特有两个截然不同的"我"，一个在娱乐和体育圈大名鼎鼎，一个低调内敛，注重内在精神的探索。如今，在更成熟的晚年，这个低调内敛的"我"是帕特人生成就的主要来源。

告别公众生活后，有些人会经历抑郁的打击，或觉得失落和泄气。但从足球队退役后，帕特对内在精神的求知欲十分强烈，生命力旺盛。他是优雅老去的典范，因为在他变老的时候，他的内心生活开始活跃。这就是我所寻找的模式：当你老去，你的生活在某些方面仍然充满热情，走向成熟意味着生命力更加活跃，而不是衰退。当你的内心生活丰富而有深度，并随着时间的流逝而变得更重要时，你就会优雅老去。

帕特是个善于反省的人，他不但执笔书写他的足球经历，也思考形而上学的问题，比如神话、宗教和艺术。人们不厌其烦地讨论外部世界的东西，比如政治、娱乐和天气，这其中也许会有些许反省，如果再加入些关于人生意义的大问题、历史和社会问题的话，这些谈话会更有内涵。老的时候我们可以成为哲学家，虽然行动不便，但思想无涯。

如果一个人停止了对知识的追求，和灵魂一起优雅老去就很难实现。想想我们读过的书、讨论过的事、看过的电影，所涉及的话题都和灵魂有关，比如性、暴力、权力、爱、亲密关系和人生意义，但我们讨论得很肤浅，隔靴搔痒，却在无形之中影响了自己的认知。因此我们需要反省，丰富内心生活。

下半生是对人生重要的方面多加反省的最好时机。当然，我们应该从年轻时就这样做，然后在晚年才会有所深悟。但是社会文化已经漠视了深奥的思想和密集的反省，这使得优雅老去更加困难。

发现经历蕴含的深意

我最近做了一个梦，梦见我在爱尔兰的一个商店里和一个爱尔兰男子说话。我让他猜猜我多大了。"30 岁吧。"他说。"呵呵，我 76 岁了。"我说。他似乎对这么大的年龄出入不感兴趣，转而邀请我加入他参与的一个活动。

我觉得这很有意思，我在写关于年老的书，居然连做梦也和年龄有关。

梦里最令人啧啧称奇的是，这个爱尔兰男子居然认为我只有 30 岁。他看见年轻的那个我，而丝毫没意识到我已经 76 岁。我第一次到爱尔兰时才 19 岁，过着修道院生活。在爱尔兰，从 19 至 21 岁这 3 年间，我在研习哲学。

在爱尔兰，我发现了一种不同的文化传统，而我的祖籍恰恰也是在这里。我认识了爱尔兰表兄们，很快就喜欢上了这里的一切，感觉好像在自己的家乡一样。同时，我开始以哲学的方式思考，并接触到了存在主义，这真是和宗教背道而驰的思想观。

这是我早期关于成熟的强烈体会之一，青春被甩在了身后，我发现了新世界，悟到了思考的新方法。爱尔兰之前的那些经历使我成熟，但都没有那么震撼。在另一章节我会讲述我和托马斯·麦格利维的友情。他是我的一位重要导师，也是我在爱尔兰的经历中不可或缺的一部分。

　　第一天到爱尔兰，我就开始读很多作家的书，尤其是詹姆斯·乔伊斯和塞缪尔·贝克特的作品。这两位作家改变了我单一的宗教观，使我走向成熟。为何在梦里那个爱尔兰男子认为我是 30 岁而不是 20 岁？也许是我比以前老多了，但依然保留着些许我在爱尔兰时"20 来岁的年轻状态"。当然，这个梦是在说，在某些方面，我比实际年龄要年轻。

　　这个梦也使我对爱尔兰的感情进行了反思。50 岁时，我开始常去爱尔兰。有一年，我带着全家人一起在都柏林住了一年，孩子在爱尔兰学校上课。那一年并不容易，我们都认为那段时间，全家人都成长了不少。不论那时还是现在，我们都喜欢爱尔兰，但是生活在不同文化中是很有挑战性的经历。

　　我来自爱尔兰家庭，而且我母亲的家族是纯爱尔兰人，我妻子也是。我们一到爱尔兰就找到了一大群爱尔兰亲戚，他们热情而又多才多艺，至今仍然对我们的生活很重要。

　　如今我经常独自去爱尔兰，我知道我在寻找并经历某种重要而又深刻的东西。我经常在都柏林的大街小巷散步，那些风土人情我打心眼儿里感兴趣，虽然这些对我来说已经再熟悉不过了。我似乎在寻找我曾经丢失的一部分。我希望我和爱尔兰之间有更多更深的连接纽带。

　　几年前，一个治疗师建议我不要将梦里的爱尔兰等同于实际地方——这并不是我第一次梦见爱尔兰。这样说的话，也许，我的某一部分是爱尔兰人并不是虚假的。

　　出版了《心灵地图》之后，我有了很多开始新生活的机会。人们邀请我做培训和做项目，成立探访活动中心，但我总是想起詹姆斯·乔伊斯和塞缪尔·贝克特。我要成为一个作家，而不是某类学校的创始人，对这一点我很明确。我一直过的是离群索居的作家生活，正如我的爱尔兰偶像作家那样。

我对生活和爱尔兰的关系进行的思考，说明了反省对"和灵魂一起变老"的作用。反省使我又回到了爱尔兰。我成为一个有着古老过去的人，有着更宽泛的归属感。因为和爱尔兰的纽带感，我成为一个更完善的人，深邃沉稳，踏实平和。每次和爱尔兰的近距离接触，都使我更成熟，赋予我耐人寻味的内涵。我成熟了，人格变得更饱满。

尽管我热爱爱尔兰，我却选择住在美国新罕布什尔州。当然主要是因为我对美国历史和文化的了解，我致力于为美国的幸福做出奉献。在这儿，我有很多邻居：艾米莉·狄金森、拉尔夫·爱默生、亨利·梭罗、沃尔特·惠特曼。而我的同胞包括：路易斯·阿姆斯特朗、本杰明·富兰克林、托马斯·杰斐逊、安妮·塞克斯顿、阿尔文·艾利、伍迪·艾伦、乔伊斯·奥茨、奥普拉·温弗瑞、苏珊·安东尼。无一例外地，他们闪耀着天才之光，都为美国做出了贡献。

对这些创造力丰富的美国天才的反省，促使我去为人性所能达到的高度这一美好理想做出贡献。反省得越多，我变得越成熟，我的灵魂也越古老。

我同时有着爱尔兰和美国灵魂，它们的共同存在相得益彰。爱尔兰是"古老的国家"。我热爱那儿古老的建筑、旧址，以及丰富了现代文化的古老传统。这听起来似乎就像我在寻找跨越了时空的自己，意识到一个古老的自己，本来就深深地根植于我的灵魂之中，而不是我在变老。

培养清晰而又深刻的自我感

优雅老去，就是带着灵魂老去，这是个过程，在这个过程中，你会成为一个丰富充实、耐人寻味的人。它随着时间的流逝而慢慢形成，需要你的积极参与。它不是自动生成的。每当我们使用"成熟老去"这个词时，总以为成熟老去自然而然就会发生，和我们的希望与参与没什么关系。但是如果认真思考一下，就会发现成熟老去是成为与众不同的人，你会意识到，这个过程没有你的主动付出是不会发生的。你需要培养自己变得成熟。

以下方法可以帮你主动优雅老去：

1. 接受生活给予你的邀请，才会有更丰富多彩的经历。我们很容易找借口不去尝试新生事物。这些邀请可以是去没有去过的地方、学习新技能、从事新工作或职业、结交新朋友、建立新的人际关系。

2. 进行坦率、追根究底的谈话，对过去进行反省。和朋友谈些有意义的事情，回顾过去的经历，探索其中的意义，这会使你变得深刻睿智。

3. 探寻你的根源在哪里，你又从中继承了什么。你可以对你的欧洲、非洲、亚洲血统进行反省。这种反省可以帮你找到是什么造就了今日的你，让你明了你在老去时又会成为怎样的一个人。

4. 借助旅行来发现你是谁以及你的能力。旅行时带着明确的探索意识发现自己，而不仅仅是为了娱乐休闲。旅行可以是有目的的，有助于你成长。知道你内心与哪些地方有着千丝万缕的联系，你就可以选择去那里，在世界的另外一个角落发现你的某一部分。

5. 阅读某些作家的书籍，这些作家是榜样，就如同面前的镜子，让你看见自己的模样，鼓励你成为什么样的人。学习艺术和手工，也许你会发现自己的潜能和爱好。我们的内心有很多地方还未被发现，除非你去亲身经历些什么。总之，要对外面的世界充满好奇。不同的体验对优雅老去很重要。如果你什么也不做，什么活动也不参加，你永远不会了解自己，也不会随着时间的流逝而拥有自我。

像炼金方士一样，对你的生活经历进行提炼加工。仔细观察这其中的变化，注意藏在经历里的含义和性质，将这些栩栩如生地放入记忆之中。你对过去经历的关注，有助于你关注当下的生活和身份。这些经历是你灵魂的原材料。一个崭新的、从来没有见过的你，将从中显现。这就是优雅老去的过程。

第六章

晚年的维纳斯

　　阿弗洛狄忒发现了独自一人的安喀塞斯，迷恋上了神赋予他的美貌。如同一个年轻的少女，她站在他面前，渴望征服他。"您一定是位女神。"他说。"不，"她回答，"我是人。"她心里充满了甜蜜的爱慕。

　　　　　　　　　　　　　　——荷马《阿弗洛狄忒颂歌》

　　少年时期温馨的回忆，和密歇根的冬天有关。在飘着雪花寒冷的清晨，父亲主动提出送我去上学。我们会刮掉挡风玻璃上的薄冰，发动汽车预热一会儿，然后钻进温暖的车里坐一小会儿。父亲会靠在座背上，试着给我讲一些性知识。我有些不好意思，希望赶紧到学校。

　　父亲是个水暖工，更正式一些的说法，是个环境卫生工程师。他的性教育课只有精子卵子、身体器官这些内容。我感谢父亲的好意，但是他的讲解回答不了我的问题。这些索然无味的知识满足不了我充满激情的好奇心和想象力。如今，在我的回忆里，我很珍惜和他在寒冷中共处的时光，即使谈话内容不是我想要的。

　　如今，在这个科学技术的时代，用硬件术语或科学术语来讨论各方面的问题已是常规。性爱这一话题也不例外。当我们提起老年人的性爱时，我们只关注身体器官的老化。如果我们将性看作一个人的身心灵体验时，我们就会积极地看待晚年的性生活。

晚年时的鱼水之欢

　　对于晚年时的性生活，我们很难达成一个有价值的普适性结论。因为每个人都不一样，而且个人处境也不同。有的人老得很快，也失去了对性生活的兴趣。而有些人的性欲依然强烈，甚至性能力更强。也有人没有亲密伴侣，或不被人需要。而有疾病或体虚的人则不会有很多性需求。

　　研究表明，人变老时，性欲也会降低，但也有将近一半的男性以及一小部分的女性，在70岁时依然有着性欲，希望拥有高质量的性生活。同样的数据也显示，有些人的性生活在70多岁以后和年轻时一样丰富，甚至更丰富。很显然，认为老年人对性爱不感兴趣，或性能力下降，是错误的。有些人很渴望性生活，但没有伴侣，同时药物或手术也会给性功能带来一定的障碍。

但是也有心理障碍的因素。某些老年人认为，在这把年纪还想着性似乎不成体统。年轻人看待老年人的性欲会感到吃惊，甚至觉得恶心。如此看来，大众对待性的态度影响着我们在老年时对待性的态度。

性生活是为了什么？

总的来说，和性爱有关的话题或内容令人困惑。电影里、网络上充斥着露骨的色情镜头或内容。与此同时，教堂和政治领袖则倡导纯洁和克制。在幻想和恐惧、色情的性画面和严厉的道德制约之间，我们左右为难，找不到解决的办法。

找到合适的方式，使人们对性的评判方式更放松，是个很好的出发点。为了达到这一效果，我们需要对性做更深入的了解。大部分人也许会说，性是为了传宗接代、表达爱、满足生理需求，和日常生活的其他方面相比，性的实际意义确实很少。

比如说，性始于我们注意到另外一个人的美丽。美唤醒了你，也许由此一段恋情就开始了。在他人眼里，这个人也许并没什么出众之处，不符合文化审美标准，可是你却注意到了这份美，并由此产生了欲望。我们就此可以得出结论，性和美有着关系。

公元 3 世纪的哲学家普罗提诺的作品都和灵魂、美有关。

他说过一句很有煽动性的话："灵魂就是一个阿弗洛狄忒。"古希腊人将阿弗洛狄忒视为代表性欲和美的女神，也就是说，性爱对灵魂很重要，情趣生活对灵魂也同样重要，美是一种天赐。

显然，我得解释一下。如今，我们不把性和灵魂这种崇高的理念联系在一起，而将情爱视为某种黑暗的东西。但对希腊人来说，厄洛斯是位神圣、伟大的创造者，他用宇宙般广阔而爱意绵绵的拥抱，将世界合为一体。厄洛斯是情爱之神，表现在对生活、世界和万物的热爱，以及对参与和结合的渴望。情爱就是我们对生活、工作、某个人的热爱。同样，情爱也包括性欲。

之所以将情爱和性欲联系在一起，是因为当我们变老时，我们也许可以用更宽泛的情爱生活方式来满足性欲。这并不是说，我们应该减少性生活，而是说我们可以延展性欲的概念，使其包含品味世界之美的愉悦。

和来访者探讨他们的性梦时，我感觉到，梦境所展现的不是我们需要更多的性体验，而是需要更多活着的喜悦。对一个人的渴望里其实包裹着对生活的渴望。步入老年后，你也许不会有和年轻时一样的性生活，但是你可将欲望扩展为对其他事情的热爱，使其成为重要的生活方式。

你可以做更多愉悦感官的事，比如园艺、绘画、在大自然中散步、品味美食。这些无法取代性生活，而是性生活的延伸物，使你成为一个有情趣的人。如果你研究一下普罗提诺的作品，也许会理解，有情趣的生活就是向生活注入灵魂。

从性欲到情趣，然后到灵魂。情趣生活强调的是愉悦、渴望、沟通、接触、参与和深层的满足感，这些并不局限于人和人之间，还包括和世界上一切美的现象之间。在你的一生中，甚至是在年轻时，性欲也许会使你成为一个深情的人，和外部世界联系得更紧密，能在他人注意不到的地方发现美。你也许会欣赏一个人的美，虽然这种美在他人眼里很普通。你也可以将你的性体验作为起始点，将生活变得更有情调。我不是说"升华"生理方面的性欲，而是指延展它的深度和广度。

这样的话，即使你老了，你也会很性感。除此之外，因为你生活得有情趣，你的"性趣"也许会增加。对于老年人来说，性生活压抑是件很糟糕的事，你也许会对一切看不顺眼，然后浑浑噩噩地生活。有情趣的生活使性生活更活跃，体验也更深、更愉悦。

美的重要性不可忽视，它可以激发你对自己的外表的关注。稍微收拾打扮、修饰自己，会使你拥有性欲和情趣，从而使生活更有灵性。

一位87岁的奶奶脑溢血做手术，孙女去医院看她。奶奶将自己收拾整齐后才让孙女进来见她。本能告诉她，外在的美是对灵魂的美化，她希望和孙女能有灵魂上的沟通。

生活是前戏

成熟老去意味着思想和价值观的深度也在增加。我们也许发现衰老的身体之美可以超越年轻的身体，心脏的跳动比体态更性感。事实上，老年时的性生活也许最容易让人满足、最令人兴奋。这完全是因为它超越了欲望的控制力量。在某些方面，生理上性欲的消散是幸运之事，因为只有这样，灵魂才有机会出场。有时，欲望的失去是裂缝，好让一个人的灵魂照进来。

虽然性爱有其他的功能，但最主要的是关乎亲密关系。如果你注重的是生理愉悦，你可以愉悦你的伴侣，并将这视为对伴侣的爱。你可以将对方看作爱的对象，而不是物体。爱人之间在表达爱意的时候，互相用富有想象力的方式给予对方自己的身体。

性体验有爱和友情做基础，则更好。无论晚年的性生活是否比年轻时更好，在性方面你都会变得成熟。你可以让它更含蓄，更耐人寻味，更好地和爱情以及纽带感联系在一起，使它更令人满意、更有趣味。

我的老朋友乔尔和劳埃德是同性恋人。他们富有创造力、聪明热情，而且很敏感。在最近的一封信里，乔尔说保持这种关系并不容易，但他说了些经验："我和劳埃德之间有着长达四年的友谊，然后才进入了浪漫关系。以前让我们兴奋的共同兴趣如今依然使我们兴奋。我们在高中戏剧表演活动中相识，这意味着我们都喜欢表演和剧院。当我们发现我们都有着玩世不恭的幽默时，我们的关系才真正开始。几年的朋友关系，使我们对彼此非常了解。"

请注意这里面爱情和性关系的基础：兴趣、幽默感、友谊，然后是爱情。这种模式和印度的《爱经》是一样的。《爱经》认为要先让每一天过得充实，然后才能谈论性欲。

带着长久交往的目的有助于建立稳定的亲密关系。老年人在一起，对他们来说，"长久"也许没有那么长。我们注重的是交往的质量，而非数量。如果你对这份关系严肃，你可以做任何事。这也有助于你接受好和不好之处——这是成熟的标志。

乔尔的情况是特例。我明白这一点。但这是灵魂的另一方面：它并不总是循规蹈矩。想过有灵性的生活，就必须对内心深处的呼喊、指引做出回应，在富有创造力的领域发现自己。这也许就是为何我们没有处在一个非常有灵性的社会：我们服从标准，不去聆听内心的声音，过着不爱自己也不爱他人的生活。而有些人，就和乔尔一样，服从他们的心声，过着原创的生活。

当爱情稳定，人变得成熟宽容后，很多心理问题就会自动消失，或很容易处理。相互间的吸引来自伴侣之间的细节性暗示。亲密关系很容易出问题，是因为缺乏可以共享的日常生活，而这是亲密关系至关重要的基础。

这些价值观也许有助于老年人理解性欲和性生活。你得试着找找适合你，但也许不符合社会标准的方法。你也许得具有原创力、想象力，如果你想给庸常的生活增添情趣的话。

也许老了以后，你会发现自己的性生活更丰富，更令人满意，这不是来自惊人的高潮迭起，而是来自愉悦感更强的生活。将性想象成一座桥，将做爱和创造生活连接起来。如果因为某些原因，年龄给性设了某些限制，但这并不意味着生活里的快乐就会减少，你可以在任何地方发现更深的愉悦。

我能欣赏多层面的性定义，因为早年在修道院禁欲是必修课。我直到 26 岁才有第一次性经历。禁欲的时间不但很久，而且那时也正是欲望最强烈的人生阶段。但我从来没有觉得性压抑。我认为我内心没有不安感，是因为修道院的集体生活让人心灵充实，而且我也很喜欢。当我和几个好朋友住在一起并享受着美好的时光时，我意识到，真正快乐的集体生活使禁欲成为可能，而不是一个心理包袱。

我是在暗示，我们的性需求可以借助很多方式得以满足。这有助于我们对性有一个宽泛的认知，懂得如何从各个方面去创造富有情趣的快乐生活。性生活和富有情趣的生活方式并非两个不同的范畴，每一种都是另外一种的延伸或互补。

愉悦有益身心健康

愉悦在晚年是一个值得追求的性目标。如今，人们也许认为愉悦很肤浅。很多人在笃信宗教的家庭长大，愉悦被认为是难以说出口的需求。我小时候也总是被教导要纯洁，要勤劳，要管住自己。没有人告诉我将愉悦当成一个值得去追求的人生目标。年轻时听到的布道，一百个教义宣传里面没有一个和愉悦有关。当然，有些娱乐活动是可以的。我父母教会了我跳舞和体育运动，但是愉悦同样被认为带有虚荣和放纵的成分。

古希腊哲学家伊壁鸠鲁改变了我的整个人生方向。他指出了愉悦的价值以及对灵魂的具体重要性，"享乐者"这个词就来自他的名字，含有纵欲之意。其实伊壁鸠鲁强调的是简单长久的愉悦，比如友谊和美味的食物。

肉体的愉悦对他来说适度即可。读了他的作品，你绝不会想到他的名字后来和享乐主义连在一起。他的一句话很明确地说明了他的欢愉理念："愉悦就是身体无痛苦，精神无烦恼。"伊壁鸠鲁常使用的另外一个词是"宁静"，也就是舒适、情绪放松状态下的感觉。

很多个世纪以来，许多作家都将作品的主旨设定为对灵魂的探讨，他们都是享乐者，认为有灵性的生活里，愉悦是基本成分之一：不是狂放不羁的欢愉或肤浅的娱乐，而是来自亲朋好友、美食良辰触动人心的愉悦，来自身体舒适、情绪平和。

享乐主义性体验有着触动人心的愉悦，它包括感情愉悦和简单的身体感官接触。合起来就是：感情纽带和感官抚摸合起来，你才会有享乐主义的性体验。

这样你就明白，为何这种性体验非常适合老年人。它不像年轻时那样强烈，但是同样能打动心灵，更愉悦身心。你可以体会一种不同的性表达，让你平静地满足，深入你的心灵。

如果一位年长者问我，获得满意的性生活的秘密是什么，我会毫不犹豫地说：成为一个享乐者。

性欲望代表生命力

在多年的心理治疗中，我很关注人们的性梦。你也许认为这主要和做梦者的性经历有关系，但是深入其中才发现，这反映出人类的渴望，比如渴望与外部世界有联系，渴望消除孤独感，渴望感受包括情欲在内的生命力。

我的总结就是，性欲本身是对生活的渴望，反映出人们在追求活着的充实感。人们感受到优质的性爱之后，生活在各方面都变得令人满意，整个人生豁然开朗。

性欲和整体的生命力有着强烈的关联，所以我们要正确看待晚年性生活。同样，你可以将对生活的渴望带入性生活中。如果你体验到生活的快乐，自然而然地，你会对性生活持积极态度，这就是将生命力仪式化，也是对生活的庆典。

有灵性的性爱总的来说是情深意切、身心放松，使你的感官和心灵得以触动。它不应该涉及对他人的支配或强迫，或对他人的屈从。它是由内往外的行为，渗透到生活的方方面面。

随着年龄的增加，性生活也许会变得更好，而不是变差。

神话和浪漫

几个世纪以来，"诸神和诸女神"所代表的深邃模式塑造了我们的生活。希腊女神阿弗洛狄忒和罗马女神维纳斯极为相似，她们代表着性愉悦里的深层力量和意义。如果你想要学习性欲的深意，可以读读关于她们的故事和赞歌。

荷马在《阿弗洛狄忒颂歌》中写道："她唤醒了对愉悦的渴望。"按照我的理解，优质的性爱不仅仅是两个人之间的爱，做爱做的事，还需要唤醒阿弗洛狄忒的精神，让她制造身体以及灵魂的兴奋冲动。凝视你的爱人，如果你看见的只是一个普通人，也许你不会感觉到那种渴望。但是如果你在爱人身上看见了维纳斯，欲望就会升起。

你可以用不同的方式来看你的爱人。你也许是严肃理性之人，看不见维纳斯的存在。也许你有着浪漫的情结，爱着你眼前的人，就能看见这个人的动人之处。如此一来，你美化了伴侣的不完美，看见了女神。有灵性的性爱始于浪漫的美化。

将维纳斯从内心唤醒会使你处在特殊的状态中，意识将醒未醒，身不由己。在幽暗的灯光里，你恍如身在梦中，处于半梦半醒的状态。这时，你看着身边人，抚摸他，说着温柔的情话，爱意洋溢。在这种状态下，你是在和你的爱和欲望制造出来的人做爱。

你恍若身在秘境，也许不完全，但足以使你经历深切的浪漫。这样的话，你们彼此可以品尝到超凡脱俗的性爱。和身边人一起体会喜悦的性爱和浪漫，会使你更贴近他／她的心灵。

我知道，我所说的违背时间和现实。我们应该心无幻想，走出舒适城堡，放弃梦幻。但是将梦幻用于性爱之处会使你更了解眼前人。

浪漫之人偏爱想象，而不是现实，往往会在黑暗而不招人喜欢的地方看见有意义之处。浪漫之人的生活是一个迷人的魔术世界，其中的神秘法则漠视自然法则，或将自然法则变得富有弹性。总的来说，浪漫之人不按大脑逻辑生活，但服从于心底的爱。

如果这些话对你来说很怪异，可以读一读荷马的颂歌、D.H. 劳伦斯的诗歌，或希腊悲剧，以及《奥德赛》。劳伦斯写道："如果男人心里没有一丝神性，他不是一个好男人；如果一个女人心里没有一丝女神精神，她不是个好女人。"约瑟夫·坎贝尔的《千面英雄》开篇最著名的一句话就是："俄狄浦斯，经久不衰的美女和野兽的浪漫故事，他的最新化身在这个下午正站在第五大道和第 42 街的交叉口，等待红灯转绿。"很多男人和女人都在办公室冷饮区看见了阿弗洛狄忒，然后坠入爱河。

在今天这个时代，想活得像神话般浪漫，需要放下现实思维模式，拥抱幻想。不要只盯着表面的或实际现象，但是态度要认真。远离凡夫俗子，成为一个浪漫之人。

将维纳斯从内心唤醒，让自己充满性魅力的话，你需要对周围的一切感兴趣，并使自己看起来有吸引力。这并不费劲。你无须身材完美，或比常人略好一些，但是态度要认真。只需要具有某些外部特征：一个微笑、一缕卷发、一点二头肌、飘逸或柔软贴身的衣服、一点妆容、隐约香氛、几句得体的话——这适合所有年龄阶层。

性生活的超体验

　　从灵魂的角度来看，性并不仅仅是爱和欲望的表达，也是种真诚的仪式，使我们接触到神圣的神秘领域。性将你带出平庸的时空，进入思想、感情，以及感官的神秘空间。这时，它像是神秘的体验。在这个体验中，我们没有年龄意识，忘记自己年轻还是年老。如果你在老年体验到这种感觉，你会觉得自己再次年轻起来，恍如 20 岁出头。

　　你得培养这种灵魂，欣赏性爱，经历性爱的时候有意识将它变得具有深意。你也许要学习、懂得性不是年轻人的专利，也不仅仅和身体有关，懂得性可以触动感情和感觉，使你愉悦地迷失自己，就如同虔诚的教徒迷失在冥想中。你也许会知晓，性作为一种冥想有助于加强亲密关系，与此同时，使你置身于神话般的生活中。

　　性是一种梦一般的体验，你不需要有清醒的意识。你也许进入一种感官喜悦中，听不见外界的声音，就好像在深深地冥想。这是阿弗洛狄式式的冥想，在飘浮的状态下，感官、生理，以及感情交融在一起，与世隔绝。

　　性甚至可以触动双方的灵魂。你内心深处的那个我，被含蓄地表达出来，你所说的、做的，以及感受到的，都如做梦一般，发生在潜意识之中。一切都在不知不觉中发生。你为性做充分准备，打开你的心灵，让你内心的那个我，你的灵魂，浮现出来。你可以在任何年龄这样做，但是老年时会更容易，因为你此时对自己更了解，而又没有很多烦扰年轻人的事在心头。在老年，你会更信任自己以及你的伴侣，因此才能真正放得开，允许内心真正的自己出现。

静谧的性体验

年长的人也许在"静谧的性"中体会到别致的愉悦。 林恩·桑德伯格发现，老年人喜欢"亲密和抚摸"甚于激情四溢的性表达。在晚年他们的性技巧更纯熟，而且在做爱时更体贴用心。以前他们不知道如何做一个好的性伴侣，如今他们不再认为性是为了支配对方，也不再只顾自己的感受。

"静谧的性"不是指不发出声音，而是指你要去平息任何需要证明自己的念头，比如支配、征服、次数和持久力。年老时，性也许变得不再充满激情，这不是因为身体的局限性，而是因为人本身的成熟。此时，性对于我来说，不再是一种夸张过度的冲动，但和自己的价值观以及生活的某些方面更贴近。这种性带来了渗入性愉悦感，以及情趣上的喜悦。它关系到你对各种细微感受的满足，而非对高潮或战斗力的追求。

你也许会发现"静谧的性"令人喜悦，因为这是在情绪更放松的状态下进行的性爱，也是多年的爱的积累，关系到性的意义。你的性欲会随时间而改变，不要压抑它，但需要驾驭它的激情。你的性生活也许不是为了达到某种目的，而只是一种醇厚绵长的愉悦感。

布鲁斯是个 70 多岁的男人，有着幸福的婚姻，却为 60 多岁的女邻居神魂颠倒。他是一个知识渊博的男人，在一所私立高中教了一辈子的书。第一次心理交流课上，他这样感叹道："为何我一把年纪了还会发生这些？我以为我已经对这类复杂的爱和欲望没有兴趣了。我并不想这样，但她却令人欲罢不能。"

我暗自想，这是厄洛斯式的完美而又传统的描述。在古时候，厄洛斯被称为"甜蜜与痛苦的交织"。

"我爱我的妻子。如果她知道了这些，她会非常不安的。我不想这样，即使它们带给我生命的活力。"布鲁斯说。

最后这几句话让我很有感触。与这个女人相遇之前，一定是他的心早已僵死，她带给了他生命的活力。他从她身上看见了通向生命力之路。当然，他对此是无意识的。

"人们会嘲笑我的。一个老男人，在任何地方看起来都让人可怜、秃顶、大肚子、路都走不稳。她看上我哪点了呢？"

"你的灵魂一定很英俊，我认为。"我这样说是为了肯定他的体会。

"我该怎么办？"

我内心的禅师这时现身了："为何我们不试着该怎么样就怎么样？"

"我知道，我爱我妻子，但我为另外一个女人痴狂而身处困境之中，我想要出来，但又觉得我不应该逃跑。"

"这很好，"我说，"就该这样。"

这个男人的经历并非例外。性吸引并不只发生在年轻人之间。事实上，优雅老去的人也许更可能经历这种复杂现象。他们心态开放，感情无纠结。

当你认为一切都和你无缘的时候，你也许不会有如此经历。但理解它的话，你会从中受益。我前面说过，性不完全是做爱，它包含多个方面，比如愉悦感、喜悦感、亲密感、纽带感、情欲感受。和人交往时心胸开阔，能够和他人建立亲密关系，有趣味，喜欢有质量的交流，这些，也是你性欲望的多元化表达。好处就是，这些经历能够满足你的性欲，从而你不需要因为新人而毁掉你的生活。

我认为布鲁斯将会发现解决之道。他意识到，爱情冲昏了他的头。他也完全知道自己感情和希望的复杂性。他爱他的妻子，但是发现新人"让他欲罢不能"。这种情形持续了几个月，然后布鲁斯觉得妻子值得他全心全意去爱。很低调地，他将他的心安静下来，放下了新发现的爱情。但是他也在生活里做了些改变，我认为那段浪漫史给了他灵感。他不再那么辛勤工作了，想更好地享受简单生活。

人类的性欲望是灵魂的一种活动。它深沉，牵涉爱情、亲密关系、依赖感等元素。随着年龄的增加，你也许会发现性欲的这些多元化特点，也许在性活动中比以前有更多的愉悦，而不是更少。变得成熟也是性欲在成熟，不再只是为了性而去做爱，少了些性冲动，但境界提高了，能更体会到它的美妙之处了。它关乎心灵，不仅仅是身体。

成熟的性

20多岁的大学生谢丽尔有次对我说，她喜欢和年长的单身教授做爱，因为他们体贴入微而且很有吸引力。她也和年轻的男同学发生性关系，仅仅是为了他们的狂野和体力。她只想享受无拘无束的、强烈的性体验，因此她从未和任何一个年轻人有过长久的亲密关系。

"这就好像你将他们当作性玩具来使用。"我说。

"也许，"她说，"但是他们也这样使用我。他们并未期待和我建立恋爱关系或发生有实际意义的性关系。"

我从谢丽尔那里学到了很多性知识。她的性生活很丰富，但她也有自己的界限，也会对男性进行筛选。我认识她时，她25岁左右，性是她生活里很重要的一部分。男人被她吸引，因为他们立刻能够感觉到她的性感和性欲，以及开放的生活方式。但他们用了好久才发现，她是个有思想的女子，知道她想要什么，有很大的抱负。她有意识地接触年轻和年长的男子，这个规律显示出，她有各种性需求，在很多方面来说，甚至是复杂的性需求。

谢丽尔的故事对老年人是种鼓励，他们也许认为性已经和他们无关，但是谢丽尔，一个生机勃勃品位不俗的年轻女子的经历也许使他们相信，她或许想要他们这样一个男人作为伴侣。当然，也有和谢丽尔一样的男人，他们喜欢成熟的女人。

我们真正需要的是给灵魂服用一粒活力丸。我们独立，在人际关系中慷慨大方，能够和他人建立亲密关系，将这些长处集中整合起来的话，就是一剂良药。这些品质在性关系中经常缺乏，而这正是老年人所具有的品质。

性感地老去

那么怎样才能性感地老去？

1. 尽可能解决早期生活中留下的问题。性贯穿你的整个人生，尤其会受到童年时期经历的影响。生活的各个阶段，各种故事和记忆，叠加起来的话，就构成了你的性欲望图片。这图片里也许会有很多伤痕，需要对此进行反省、解决。

2. 积极面对生活给予的挑战和机遇。性是生活的象征，也是生活的预言家，它赐予你生命的力量。虽然它有几类具体的功能，但同时也会影响你做的任何一件事。走向成熟意味着接纳生活，接受改变，然后才能成熟。对性来说，更是如此。逃避生活，性会跟着受影响。

3. 很多人都有各种各样的性伤痕，但尽力去做一个懂得爱，而且感性的人。心灵上的伤害既是痛苦和制约所在之处，也是正面力量的源泉，塑造了你的灵魂深度和性格。这完全取决于你如何处理伤痕。不要让它们给你造成灰暗的情绪，或使你忽略其他的情绪。满足这些伤痕所暗示的需求，但不要被它们制服。

4. 成熟性感的人热爱生活。热爱生活的人都富有生命力和纽带感，他们的生活有情趣。相反，怒气、沮丧、抑郁和抗拒的性格无法培养出有情趣的生活。

5. 在生理上你少了些性冲动，但你可以做出更好的决定，使你的性状态与自己合拍。年轻时，我们常会在选择伴侣上做出冲动的决定，愿意去尝试性活动。成熟的人更懂得自己的感情，不会冲动地跟着感情走。

6. 你懂得性有着更深的意义，所以你会在性方面慎重。你觉察到做出性决定的后果和影响，你会将整个人生考虑进去。这对成熟的人来说，不是一个包袱，而是一个机会，使你避免陷入错综复杂的局面里，从而被吸空精力，使生活变得复杂，导致不必要的麻烦。最好的性意味着，它不会和你的生活原则以及价值观相冲突。

7. 你将性和灵性和谐融入在一起。你可以在性生活中注入某些灵修的思想和做法，过着有宗教信仰或灵性的生活，只要这种生活不排斥性。性和灵性互相渗入彼此之中。没有性的灵性是空洞的，没有灵性的性是微不足道的。

当你将长久培养出来的丰富人格带入亲密关系之中，你会性感地老去。你平易近人，并且接纳身边人，参与到他／她的各种状态中。性不是融合，而是连接，是两个不同的世界的交合，没有冲突，但拥有彼此。

优雅老去

Ageless Soul

第三部分

　　若是无法解除身体上的疾病，医学可谓毫无助益；同样的，若是无法去除心灵上的苦难，哲学亦是毫无用处。

　　　　　　　　　　——伊壁鸠鲁

第七章

疾病是启程仪式

站立的熊，即黑麋鹿的朋友，说起他大病初愈的 9 岁好友："我们一起骑着马，说着话，他不像个男孩了，他更像一个老人。"

——约翰·奈哈特《黑麋鹿如是说》

人们总是习惯性地说：我们在长大，或体会到了长大的感觉。但是这个比喻并不恰当。树会长大，但是我们作为人，只会随着年龄的增加变得更含蓄、丰盈，并且独一无二。至少，我们希望是这样。确切地说，我们并不是在长大，而是在变化；我们在经历一个成熟的过程，它包括挫折和逆袭。

詹姆斯·希尔曼对心理学中关于"成长"理念的幻想式的使用心存疑问，他说："心理学的成长幻想似乎是个不可思议的残存物，它来自于 20 世纪早期的殖民、工业，以及经济增长幻想，即一切都是越大越好。"

此外，我们还可以用另外一种方式看人类生命：年岁的流逝包含着一系列的启程，或旅程。"启程"意味着"开始"。的确，整个一生，大部分人都会经历各种开始，并以某种身份进入新空间。比如，孩子变成青少年，青少年变成青年，等等。

人类学家为我们提供了各个原始部落的人生启程仪式照片。这些部落在举行成人仪式时，会把一个年轻人浅埋在土坑里或树叶下，以此显示一段生命的死亡，另一段生命的重生。庆祝之后，整个气氛会变得悲伤，因为将我们经历并拥有过的一段生命留在身后并不容易。

开始一份新工作是一个人生仪式。你需要学习新的工作方法，承担相应的工作职责，你会穿和以往不同的衣服，学会新的表达方式。重启一段新的旅程也许不容易，也许需要很长时间，甚至几年。

晚年最常见的启程经历之一就是疾病。我们常将疾病看作生理故障，因此需要修补。但是，作为一种经历，无论是在感情、智力，还是亲属方面，疾病也许会迫使我们审查自己的生活，发现自己的价值。

良药之魂

几年前，我写过一本书叫《良药之魂》。在搜寻资料阶段，我采访了很多医疗护理工作人员和病人。有一件事让我特别触动。几乎所有的病人都表达了相同的感受：希望没有经历过疾病带来的痛苦和焦虑。但与此同时，他们也说，这是生命里最好的一段时光，或像一些人说的那样，他们被疾病治愈了。

被疾病击倒迫使他们对生活进行反思，尤其是反思自己处理各种关系的方式。尝到了肉体凡胎的脆弱之后，他们觉得应该对生活做些改变，用心生活。他们感觉到了每一天的宝贵，在过去这面镜子里，看见了家庭婚姻问题，以及它们的无价之处。他们觉得疾病将他们变成了一个更好的人。

这就是人生启程仪式的本质：你经历痛苦和担心，你反省就如同你从来没有反省过，你从另一边出来时，已是一个新人。慢慢地，你会注意到各种启程机会，当它们出现时，你会以开放的心态勇敢地做出回应。如此一来，你的生命得以拓展，你成了你应该成为的人。

但是，将疾病视为生理故障，与将此看成为启程机会，有着极大的区别。在第一种感受里，你并没有有意识地参与到这个过程中。你只是经历了生理上的折磨，但灵魂没有参与进来。在第二种感受里，疾病有着正面的意义，将你带入人生旅程更远的地方，成为一个真正的人，有着真正的自我。疾病是灵魂的转变之载体。

体验到疾病对灵魂的触动，人际关系就会改善，生活也更有意义感。你会更好地为时间的流逝做好准备，因为你已经习惯接受生活的邀请。你将不再是无知无觉之人，或只在最后一刻才做出努力。

深思各种疾病对灵魂的影响，就会看见疾病的价值，也就不会将疾病视为计划或希望的障碍物。因为年岁已高意味着你将会不断面对疾病的出现，懂得这一点至关重要。

我们的文化中没有关于对灵魂的照顾的故事，却有关于物质主义的神话。在医学中，人们将身体视为物体，需要被修理或给予化学性修补。其实，我们需要关注的是灵魂，因为当疾病来临时，我们最容易忽略各种人生启程仪式。

因此，这完全靠我们自己，去做点事让自己在病中看见灵魂之光，然后寻找合适的治疗方法。

下面几件事会改变你看待疾病及其治疗的视角。有些事情简单易行，但是也许对你来说不同寻常。你也许不习惯生活在这样一个世界，但如果身在其中，你的灵魂会备受关注。

1. 这一点很多人都会做：表达你的情绪。如果你很忧虑，就表达出来。用简单直白的语言，讲给你信任的人听。将感受闷在心里的话，无益于疾病的康复。敞开心扉，直白清楚地表达自己。人们通常只表达能够被接受的那部分情绪，或用各种解释以及借口将真实感受掩藏起来。或将感受抛出来，然后再自圆其说将其收回去。

一个以关注灵魂为重心的健康护理人员会鼓励你不要压抑自己的感受，并聆听你的倾诉。他会给予你的灵魂亟需的东西，尤其是关切的态度和真诚的理解。很多医疗工作人员对感受比较排斥，因为他们所接受的教育要求他们不露声色，不动感情，这样才会对患者有好处。其实，这种建议本身就非常有问题。

2.讲述你的故事。很多病人感觉，他们需要讲一讲目前的病情、过去的生理问题，以及大概的生活状况。这些都很重要。人类是会讲故事的动物。故事可以将很多焦虑感都编织到一起，对于患者来说，这很重要，能带来安慰和平静。

很多医疗工作人员也许见过太多的病痛，对老年患者的诉说感到厌烦。这种情况会让人感到不愉快，因为，每个人，即使是孩子，都需要倾诉，老年人更需要将他们的经历和记忆讲述出来。我们只需倾听即可。

故事有着特殊的意义，这是医学术语所传递不出来的。重复的讲述会透露出很多讯息。将同样的故事讲述多遍，每一次都会有细节上的变化和不同的重点。这就使反复讲述很有价值。倾听者需要耐心一些，理解故事的重要性，所以是需要被重复的。

3.花时间冥想。即使你不是很擅长冥想，也可以在等待医生或疾病来袭时，坐下来，放空大脑，或任各种思绪飘浮。这就是冥想。深呼吸，平静下来。双脚盘坐在地板上，背部挺直，双手的摆放应该具有某种意义。如果你不知道什么是有意义的放置双手，就使用传统的瑜伽或佛教手印。中指和拇指相触，将双手放在大腿两边。闭上双眼。

4.注意梦境。你也许从来没有认真地思索过你做的梦。现在开始去关注。

　　我从事心理治疗 40 年之久，通过关注人们的梦境，我帮助很多人解决了生活问题。你不需要是释梦专家，甚至不需要理解你的梦境。你只需将梦境记录下来，不要遗漏昨晚梦境里任何你能记住的小细节。记在一个专门的空白笔记本上，不要让他人看见。每隔一段时间，读读你所写下的东西，作为治疗的一部分。

　　5. 祈祷。祈祷不是宗教信仰者的专利。这种方法会让你受益，你也会喜欢，无论你是虔诚的教徒还是无神论者。仅作为一个人而言，你可以很自然地祈祷。每一个相信祈祷作用的人都会做得很好，去学着自然地用普普通通的语言去祈祷。打开心房，向宇宙、大自然之母、大地之神，或是你所感觉到的"空"，请求康复和安慰。

　　即使你不是宗教信仰者，当感觉无助束手无策时，也会很自然地冒出模模糊糊的祈求，这时的祈祷是一个特殊时刻，但并不是指那种当某个人被"皈依"时宗教使者发出自鸣得意的微笑时刻。 我的意思是，这是一个突破，突破了狭隘的物质主义存在意识形态，变得思想无限度，在这样的思想里，神秘莫测的东西是存在的。

　　6. 对你爱的人，以及任何人，敞开心扉。治愈自己的最好方法是治愈你所处的环境。如果你的人际关系疙里疙瘩，那就化解它。态度要主动，不要等他人来主动。慷慨大度是最具有疗效的美德之一。不要期待任何回报。没有私心地去赠予。

同样，对医护人员，以及其他你接触的人也要心态开放。做一个心态开放的人是愈合的一部分。说出你不经常说的话：感恩和赞美。用善意、爱心投入周围的环境中。但是，如果有必要，可以适度表达你的愤怒和沮丧。

7.聆听身体的诗篇。身体本身就会表达，不需要去寻找什么意义。如果你的胃有问题，记住这个地方是你的愤怒和固执沉淀之处。你的心，当然，是爱意和关切的住所。肺部，是吸收接纳世界的地方。肝脏，保持血液的清洁和充沛。头，你的大脑、思想和想象。腿，活动、走动以及旅行。手和手指，制造和做事情。

8.相信你的直觉。这对你的治疗至关重要。在身边放置一些能够传递安抚或精神力量的物体：雕像、珠宝、绘画、护身符。借助音乐来保持平静，忘记时间的存在。

9.当你去看医生时，带一个支持你的人一起去，最好是朋友或家人，这个人需懂得医疗制度。随身携带一个小笔记本，写下你想要问的问题，以及医生的回答。对医护人员讲述你的体验，说出你想说的、你的需求、你希望被怎样对待和治疗，以及你认为医患关系和治疗过程中对你来说很重要的地方。

10.接受疾病对你造成的影响。让疾病作为生命的一段旅程，而不是一个问题。为疾病写写心得体会。进行有质量的关于疾病的交流。

通常我们并不清楚，疾病在什么时候产生。它会意外降临，比如身上出现了一个肿块、背部疼痛、胃不舒服等等。母亲曾经中风过，那场病几乎要了她的命。那是一个普通的傍晚，她正吃着花生，心情愉快地和姨妈在一起。但几乎在瞬间她就昏迷了。在此之前，我从未想到她会中风。

我们可以将疾病看作神秘之事，尊重它的存在，回想它出现的时机以及严重程度，祈祷有美好发生。每个医院，不光是教会医院，都应该有一个美好舒适的祈祷室，因为当疾病来临时人们更需要祈祷和冥想。

每次晚间经过医院，我都会注意到窗户里透出的灯光，灯光明亮的，也许是护士站，而灯光幽暗的也许是病人的房间。我会想，所有的病人躺在那儿，思考、感受，如此这般，将疾病带入灵魂中反省。而此时正是一个绝佳的时机，人们可以深思正在经历的事，逐渐变成具有感知力的人，并做出大的改变。

古希腊人在生病时，会到医神阿斯克勒庇俄斯的庙宇过夜，希望在梦里被神灵治愈。他们躺在庙宇里的床上，在那儿获得治疗。据说，那是他们在反省。在半梦半醒的状态下，他们也许会觉察到神在治疗。

病人在安静时也可以让灵魂得以治疗，虽然我们因为身染病痛已经忘了灵魂，在安静沉思时没有举行任何仪式，也没有意识到自己在反省。可以将医院想象为一个招待客人的地方。人们在这里静躺着休息、修复身体的同时，打开灵魂去接受使人发生改变的顿悟。

　　思绪就如同一枚卵，窝在温暖的地方，准备孵化。拿疾病来说，你可以躺在温暖的床上回忆过去，让疾病孵化或发现你的灵魂还没有被发现的部分，也就是真正的你或本性。疾病于你而言是个非常重要的事件，对你的内心生活以及和他人的关系都有帮助。它使你浮想联翩，带你进入从未来过的灵魂深处。

　　如果住院的老人能够在静养时进行反省、冥想，以及进行安静走心的交流，他们就是在照顾自己的灵魂，生病就有了意义，他们也不会将疾病看作生理故障或灾难。我们应该鼓励这种安静的灵魂活动，暂缓在吵闹紧迫的治疗环境里进行的艰难治疗。

　　我曾经和一位女性有过一次安静的对话。她得了癌症，正在接受静脉注射化疗。在这种极端情况下，一个人也许更愿意进行严肃的对话和反省。我感觉到，作为灵魂代表的我的出现，对她来说很重要，让她觉得生病有某种意义，也是一个灵修的机会。她谈起了丈夫、家庭和幸福的生活，并希望家人不会因为她的病情而受到连累。在一个小时的时间里，她安静地坐着，虽然还在接受着有疗效但痛苦异常的治疗，她还是谈起了自己的生活和内心的各种感受。

　　我认为医院的每间病房都需要一个灵魂护士（心理治疗师最早的称呼），把疾病发生的历程和治疗带至一个更深入、更有意义的层面。这不容易实现。但在此期间，我们每个人都可以给感情和思想腾出空间，去反省和交谈，使之具有某种意义，这类似于医神阿斯克勒庇俄斯式的"梦疗"治愈经历。

机械式的治疗思想鼓励我们用药片治疗情绪，用化学方法或手术治疗所有的疾病，医院和医疗机构的效率也得以提升，但缺乏美感，无益于身体康复。为了心脏健康，我们散步、健康饮食，但我们不知道灵魂受苦对健康也有影响。

年长者担心将来不得不住养老院，因为这对他们来说很恐怖，虽然养老院会为他们提供特别护理以及住处。如果他们能够在疾病中看到价值感，不把疾病视为生理故障，老去也就不会有那么多痛苦。

我们有两方面需要考虑：（1）照顾好灵魂，就是照顾好身体；（2）将治疗视为灵修。因为疾病沉重地压在老年人的心头，老之将至的人也会想着更老的那一天，在医疗领域，带着灵魂一起变老无比重要。

灵魂病了，身体受累

灵魂也会生病，它会变得虚弱，需要特殊关注。灵魂疾病也会引发身体疾病。"心身医学"是个不错的理念，在 20 世纪 40 年代很流行，那时候，心理问题被划归为生理症状。比如，托马斯·弗伦奇，作为这种理念的先驱者，就描绘了哮喘发作是怎样和忏悔需求联系在一起的。

首先，无论是社会还是个人，都需要改变治标不治本的习惯，不将疾病仅仅看作生理上的症状。在 21 世纪出生的人，需要认真对待潜意识里和情感方面的疾病。我们关注身体症状，而心理上的疾病我们其实并不知晓，认为事实就该如此。我们以为对身体疾病的重视是种医学进步，因为在以前，我们只能凭借想象去理解疾病。

很多医疗工作者拒绝透过身体症状去看心理病变，因为18世纪的哲学理念主张，眼睛能看见、手能摸见、可以测量的东西才是真的，其他的一切症状都值得怀疑。

能导致身体也出现症状的灵魂疾病是什么样的？对于我们来讲，比较大的灵魂疾病是焦虑。如果你为某事担心，寝食不安，总是很紧张，你的胃也许会出现问题，皮肤也有毛病，或出现其他的生理症状。随着年龄的增加，我们也许意识到，有效地处理焦虑情绪是多么重要。我们的身体健康取决于化解心理问题的能力，更别提情感福祉了。

我们该如何缓解焦虑？

首先，简洁明了地表达你的焦虑，尽可能的坦诚，向你信任的人倾诉。但如果你不愿意讲述你的故事，那就遵从自己的内心。在这种时刻，先把你不想说的压下去。

其次，试着去除焦虑的根源。如果是为金钱担心，那就去挣更多钱。如果需要离婚，就开始行动。在问题没解决之前，你也许会一直焦虑，但至少你在采取行动。总的来说，尽可能放松。

深度放松是你所能做的最有益健康的事之一。我不是建议去逃避问题，总之，要以放松的方式生活。如今，很多人大部分时间都坐立不安，试图跟得上繁忙的生活。你可以很忙，但无须放弃阶段性的放松。找到适合你的方法，即使这些方法对他人不合适。

我个人喜欢填字游戏，听优酷上的音乐，看经典黑白电影，打高尔夫球，弹钢琴，读侦探小说，在林中散步。也许有些人认为我这是在浪费时间，但对我来说，这些活动让人放松，因此很重要，可以减少我年老时的烦忧。

各种冥想和瑜伽将使你全身心放松。这很重要，因为我们的身体或心理上存在某种紧张感，而我们对此却毫不知晓。你也许需要仔细聆听你的身体，看看它是否有紧张感，这样可以预防焦虑带来的疾病。

我希望你能认真对待身体的紧张感，要比平时还要认真。如果你的肌肉紧张，你的大脑也会加速运转，情绪也会混乱。如果这种现象出现，要试着用一些方法缓解。比如，泡澡、散步、看电影、冥想、读读诗等。

作为一名心理治疗师，我对焦虑的迹象很警觉，也会尽最大努力去帮助来访者放松，但我不会被他们的情绪影响。我放松呼吸，慢慢处理他们的问题。如果有人给我打电话时情绪慌乱或非常担忧，我会安静地回复。有时，保持安静的心境并不容易，我会更加注意。有那么一两次，有来访者似乎希望我能和他一起焦虑，但是我没那样做。

你也许需要拥有一种掌控能力，即不管发生了什么，你都不会焦虑或失去内心的宁静。当有人想要给你制造担心时，你知道该如何做出回应。你可以形成一种宁静的生活方式，这是你处理他人焦虑情绪的基石。

过去没解决的问题会通过某种方式潜伏在身体里，待在那儿多年，慢慢恶化，就如同身体上的伤口一样。人们身体有时抽搐或抖动的动作，就说明他们在担心。他们使用的某些词语或句子也会传递出焦虑感。

有些人总是说这样的话："我也许占用了你太多的时间"或"我相信你不想听我说那些烦心事"。我觉得自己的心态开放，但是来访者却忧虑重重。也许他们觉得这是体贴，但这种焦虑却暴露了他们内心的不安全感。

在疾病方面，我们常将身体和灵魂分开来看，所以只要生病就觉得很恐怖。我们忽然变成了物体、器官的集合体，需要用机器和药物来治疗。走进医疗机构的男男女女就好像等待被治疗的活死人，没有灵魂的躯壳。就像科学怪人弗兰肯斯坦式的人体部件集合体，需要被修修补补。

我一生看过很多次病，如今我70多岁，感觉在医院里和以前不一样了。首先，我害怕被划为"高龄人士"的行列，从而得不到和年轻的病人一样的对待。我对大型成像设备和过度依靠药物治疗也有排斥心理。我会想，医生让我做这样的治疗，难道是因为我年老体迈？还是我不能够领略现代科学的伟大？

最近我做了手术，这段经历让我明白该如何面对整个医疗制度。我的故事很正面，充满了人性。

大约三四年前，我身体长出来个脐疝。刚开始我并不在意。一位我非常喜欢的医生告诉我等一等，看它能长多大。后来我看了一些资料，而且另外一位医生告诉我，脐疝越小越危险。坏疽可能会出现，而且会威胁生命。

于是我决定尽快手术。社区医生说，她会帮我在附近医院安排好一切事宜，但是我在那家医院有过不是很好的经历。然后我就联系了一个朋友，他在另外一个城市的医院上班，距我家大约两个小时的车程。他向我推荐了他所在医院的一个外科医生。我随后写信给那家医院的院长，请教他的意见。他向我推荐了同一位医生。于是，我就定了看医生的日期。

看病只用了 10 分钟，但我感觉我找对了人。我的妻子、女儿、继子都陪我去做手术，我们遇见的每一个医护人员都很有人情味儿。外科医生来见我，并向我介绍了他的儿子，他刚刚结束实习医师的实习，将会协助他父亲进行手术。妻子在我耳边说，这是个好现象，因为这个外科医生一定想把最好的一面展现出来。

在医院，我没有觉得自己像个讨人嫌的老年人。这一礼貌待人的细节之处带来的结果大不相同。唯一不好的经历是我从全麻状态醒过来时，我觉得平静被打破了，我听见附近的小房间传来很大的声音。我也忘了给自己提前安排好音乐。后来，我写信给院长和外科医生，对他们的帮助表示了感谢，也顺便提到了醒来后听到的噪音。他们说将会解决这一问题。

对待自己的疾病和治疗，要主动一些。医疗体制希望你配合，按他们说的做，温顺地接受他们的诊断。但这是你的生命和疾病，在和医生讨论时你要带着自己的见解和理解。你可以问清楚为何需要吃那么多药。它们是必需的吗？这些是按照医药规定制造的成品药吗？有没有哪类药副作用太大，不值得受这份罪？

我读过的关于疾病最好的书之一叫《人为何会生病》，作者是达里安·里德和大卫·科菲尔德。他们引用了很多研究来说明，生活变化和健康密切相关。他们建议，在重病发作时，从生活中正在发生的事上找找原因，而且谈起疾病时，不要将它看作客观事物，而应该用人性化的、关怀性的语言。

将灵魂带入治疗并不费事。就我的例子而言，它包括人性化制度的医院和富有人情味儿的医生，以及随处可见的和蔼可亲的护理人员，他们对待我的家人非常尊重，给人的感觉很温暖。这些只是基本的人性品质，也是将医院改变成充满灵魂的康复之地的必需品质。

心脏手术前的几个月，我患上了心绞痛，不得不在心脏动脉血管里埋入移植片固定模具，而那时我刚刚卖掉了倾入很多心血、住了很久的房屋。在我20多岁时，我刚到爱尔兰不久就做了阑尾切割手术，当时也是我第一次和家人失去了联系。从某个角度来看，这两件事也许都是有必要发生的，甚至是有好处的，但它们依然让我感觉到不快。我不是说，它们使我生病。在反省我的健康时间轴时，我要记住，要关怀自己的疾病，赋予它灵魂。

将疾病作为一件灵魂事件，而不是生理问题，是带着灵魂

老去这一课题的另外一个着重点。变得成熟不是自动发生的
事，也不是生理决定的，这和我们的选择有关，和我们如何理
解生命的奥秘有关。如果我们能保持人性化的观点，不要怀着
现代意识形态的倾向性，不要物化生活里的每个方面，那么，
我们就会有很好的机会优雅老去。

第八章

好心的坏脾气老人：老年时的愤怒

如果人们内心对某事的怒火不发泄出来的话，他们就会对
整个世界心怀愤恨。

——弗里茨·波尔斯《自我、饥饿和攻击性》

几年以前，参观波士顿美术馆古希腊展区时，我被一个古
老花瓶上的画面吸引：青年阿克泰翁正在被自己的猎犬攻击。
猎犬中有一位年轻女子，她是吕萨，一只狗头正从她的头部钻
出来。

这是一个关于阿克泰翁的故事。年轻的阿克泰翁住在父亲
的农场，其父阿瑞斯泰俄斯是古希腊农业以及农业文化的创始
神。一天，阿克泰翁在森林里徜徉，无意中撞见正在溪流中沐
浴的阿尔忒弥斯。如果有一位女神你不能在其沐浴时偷看的
话，那就是阿尔忒弥斯，这位刚烈贞洁的狩猎女神对她的私人

领域以及个人完整性无比珍惜。阿克泰翁的冒犯行为让阿尔忒弥斯无比恼怒，她向阿克泰翁的头上泼了些水，把他变成了一头鹿。不幸的是，此前，阿克泰翁恰好在追逐鹿。于是，他变成了自己追捕的猎物。结果，他被自己的猎犬撕成碎片。这些猎犬极度狂暴，正从吕萨头部钻出来的疯狗表现了这种狂暴。

吕萨是暴躁、狂怒和咆哮女神，和那些猎犬如出一辙。作为一位神话人物，她意味着一种必然——人格中不可或缺的部分。那只狂暴的狗有时需要跳出来，在这个故事里，这只疯狗宣泄了阿尔忒弥斯的愤怒。

人们总认为，如果年纪大了还总是发脾气，是很可悲的事，是性格不好的表现。但是我想要说的是，吕萨不但在神话故事中占有一席之地，在心理学中也一样：她真实存在，而且是很重要的存在。愤怒不一定就是失控，它的存在自有其意义。每个人都会愤怒，我们不应该对此进行简单的判断，而要去尊重愤怒的意义。为何疯狗会从老年人的大脑中钻出来？

愤怒的意义

心理学中有个共识：如果你以任何方式压抑自己的情感，它会再次出现，而且会以更夸张或扭曲的形式出现。年轻人总是认为人老了应该情绪平和，这种看法让人感觉不可思议。研究员凯瑟琳·伍德沃德说，我们期待老年人是智慧的化身，这种苛求其实压制了老年人想表达愤怒的欲望。我们认为老年人应该宁静而富有智慧，所以当他们愤怒时我们会感觉不安。

虽然我们一直肯定发怒的正面意义，但是我们总觉得老年人喜欢牢骚满腹、大吼大叫，认为他们脾气暴躁古怪，习惯性易怒，难以相处。这就好像一架马车上的两匹马：一个是执拗易怒的老人，一个是被惹恼的年轻人或护理人。

坏脾气是一种内在人格，隐藏在每个老年人的内心，老年人不得不默认它的存在，又无法控制它。

詹姆斯·希尔曼在《性格的力量》一书中讲了一个耐人深思的故事：一个老妇人在希腊旅行时，谴责一位年轻女子，说她在这神圣的地方表现得不够恭敬。希尔曼认为，老妇人之所以谴责年轻女子，是因为老妇人想挽救古老的文明价值观。希尔曼并没有将此视为代沟或归结为个人愤怒。有些时候发生纷争，是因为一个人想要保存基本的文化价值观，因为在他们眼里，这些价值观被轻易或无意地丢弃到了一边。而其他人却认为，这个人生气，是因为年纪大了，是个不耐烦的傻瓜、糟脾气。他们没有看出来老人之所以愤怒的更重要原因。

希尔曼的分析表明，年长者的愤怒也许有更正面的意义。即使那份愤怒是长期性的，但也许是为丢失重要文化价值而感到悲哀引起的。我们作为局外人，需要仔细分析，看到这种情绪中更深层的顾虑，不要做出负面评判。希尔曼将糟脾气看作可以理解甚至是正面的性格特征。

人到暮年，也许仍然记得孩童时习得的某些价值观，会感叹这些价值观如今已经被忽略了。我们以父辈和老师自居，认为自己是重要文化价值观的代表人物，自觉去捍卫自以为重要或正确的东西。

我所受的家庭教育中从来没有"咒骂"两个字。父亲即使谴责谁，也态度温和。总的来说，我们整个家庭氛围比较中正平和。假如在公共场所，听到有人一句话里带着好几个脏字，甚至当着孩子的面说脏话，我都会感到不舒服。但是如果我提出抗议，人家就会嘲讽我，说我脾气太差。有一次，一个年轻人当着一群孩子的面随意谩骂，忍无可忍的我说了他几句，对他竖起了中指。逼得他只好向对方道歉："对不起，我失言了。"如果在倔老头和妥协之间做出选择，我有时会选前者。

与主流价值观保持一致是明智的。价值观和人的品位总在变化，也通常是往好里变。虽然很多地方需要改进，但人们对"歧视老人"的现象也逐渐好转了，这是令人欣喜的。今天我们已经遗失了一些优秀的传统价值观，所以我这样的人不得不成为一个倔老头。

年轻人在建设新世界，他们也总是关注新生事物。但总有一天，他们也会变老，他们的"新"主意也会成为旧观点，他们也会极力维护这些价值观，也许会变成坏脾气。

当我们反感年长者的谴责时，可以停下来想一想希尔曼的话语："我们可以这样想，一个戏剧指导、音乐老师、商铺总监、老伯伯怒气冲冲走过来，劈头盖脸地训斥我们，只因为我们破坏了那些需要被尊重、被保护，以及世代传承的老规矩和价值观。"

我注意到，希尔曼很擅长在大家通常认为是负面的行为中发现正面价值。在他身上，我学到嫉妒、背叛和抑郁对一个人的心理和人际关系建设也是有意义的。我建议大家听到负面评判时，怀着开放的心态去感受和思考，也许就能发现其中的意义和价值所在。

你的愤怒也许有根源

老年人的愤怒并不总是合理的，脾气暴躁并不总是一件好事。

有些人似乎总是对生活持消极态度，也许是因为他们曾受过虐待或总是被否定，也许是他们一生都在和权威做斗争，也许他们从来没有机会深思或领略过艺术和思想的崇高，也许他们曾经放弃了深层次的愉悦感，这是因为他们觉得需要辛勤工作才能证明生活的理由。也许他们曾经是不公和偏见的受害者，觉得从来没有自由享受过生活的福利。或许他们就是之前说过的那些歧视老人的受害者。

无论是哪一种情况，面对发脾气的老人，看看他的过去，也许能够找到其中的原因。年龄的增长会让他们更难抑制对生活的不满。但是如果家里人能够发现老人愤怒的根源，也许能够理解老人，并且依然对他们怀着爱。反之，缺少理解，会使老人火上加火，依然我行我素。

如何处理愤怒

怎样处理愤怒情绪，这完全取决于一个人的素养，它包括性格、情感、恰当的回应态度、深入探究的能力、耐心，并对人性的局限性有着怜悯之心。面对老年人表现出来的不安或不舒服，即便我们再关心他，也会不自觉地有些厌烦。其实，我们此时和老年人处于同一种心态：都不愿反省，从不满中找找根源。

愤怒是有意义的表达，虽然这意义也许会被怒气十足的语言或大声抱怨所遮盖。愤怒可能是长期的，也就成了一种惯性，所以愤怒的隐藏之意要追溯到很久以前，有时也许会很难被发现。一个家庭成员所能做的就是保持耐心，给老人冷静思索的时间，尽量不要毫不掩饰自己的怒火。

如果你是那个发脾气的人，觉得自己在变老的时候，怒气更大，也更频繁，你可以试着这样做：

1. 反省你的愤怒。你可以在自己和糟糕的情绪之间加一道屏障。你可以大声对自己或者周围的人说："我很生气，但是我不知道原因。我希望少发些脾气，但是情绪上头很难控制住自己。"这样至少是在告诉自己，除了大发雷霆，还有其他途径缓解怒火。

2. 对你的过去探根究底。寻找那些使你愤怒的成长环境，哪怕是童年时期的。一个指手画脚的父亲或母亲、老师，都足以影响你的一生。试着找出恼怒的根源，将你的经历讲述给你信任的人，进行探索式的交流。不要期待完美的方法，但是带来改变倒是可能的。

3. 保持自主能力。有时，人们会习惯性地把自己当成受害者，或者放弃自主意识。有时候，愤怒，尤其是习惯性愤怒，是来自某种程度的被动或妥协，比如被压制的自主能力、希望、渴望或计划。自主意识总是被压抑，就会导致愤怒的爆发。解决的方法就是表达你的需要和希望，并尽可能地去实现。

4. 和你的"灵魂力量"保持联系。灵魂力量是个宝藏，里面有你过去的经历，藏着你的潜能和才华、天生的创造力，以及对生活的渴望，这些都是拥有一个更强大人生的基石。这些力量的源泉不仅仅和自我或意识有关。它其实潜藏在心灵深处，很少被触及，或被知晓。你需要让这些深埋的珍宝浮现出来，这会给你带来更多的生命力，而这种生命力本身就是有建设性的愤怒。当你潜在的生命力被深埋，无处可用时，愤怒就会出现，这其实是天生的生命力被压抑住了。

5. 正面去考虑的话，你的愤怒想要表达的是什么？愤怒可以被重新转化为你的生命力和个人灵魂力量。与其因为恼怒而发作，不如问问自己在寻找什么？你想要取得什么成就？正向看待你的愤怒，也许你会找到愤怒的原因。愤怒被压抑会导致它可能带来毁灭性的后果，并会惹怒他人。归根结底，它和想象力有关：你如何想象自己存在的方式，并相信自己有影响力。这些是重要的灵魂力量形式，但当被压抑的时候，就会变成大声疾呼，可却软弱无力，也就是毁灭性的愤怒。

愤怒作为建设性力量

古罗马语表示万物生命力的词"vis"是英语中暴力"violence"的词根。如果说暴力"violence"中含有生命力"vis"，那就等于说愤怒中隐含着生命力。或许我们可以说，玛尔斯所代表的性格特征是人生必需的正面力量，通俗一点说，就是正能量。

愤怒，也适用于老年人的任性暴躁。愤怒表面看起来使人不快，甚至显得懦弱无用，但是潜藏在愤怒之下的也许是生命力，这股生命力想冲出来，即使它很软弱。你需要更用心，才能看见那股喷薄欲出的生命力。

如果一位年长者经常愤怒，你可以试着帮他找找他内心想要表达出来的生命力。如果是你经常愤怒，这种方法也许有助于你深入理解愤怒的神话人格的多面性，这会使你的行动更加有力，并且在危险出现时，或事情不利时，提醒你。

父亲在离开人世前的最后几年依然爱发火，虽然那时他都100岁了。他可是一辈子没有愤怒过。他原则性很强，拒绝被利用，但总的来说他内心宁静。在离开人世不久前，他变得非常易怒，我怀疑是因为医院让他觉得失去了独立和尊严。这在现在看来是不可能出现的情况，因为现代医疗系统再也不会把人当作物体或案例对待了。我猜，这就是父亲愤怒的原因，而他的愤怒对他也有帮助。

著名精神病医生罗纳尔多·大卫·莱因因心脏病发作摔倒在地，但却大喊："不要叫医生。"这是他的愤怒声明，但是却一针见血地指出了医疗界的弊病。据说，有着怪医之称的精神病医生弗里茨·波尔斯住院时，扯掉了身上的仪器设备线和输液管，因为他无法接受现代医学将人当作物体的做法。

我们大都对愤怒持有偏见，也许只是因为它让人不快，但是它也有深意。如果将愤怒理解为合理的张力情绪表达，在面对老年人的愤怒时，也许偏见会少些。世人认为老年人昏庸愚昧，而老年人需要借助愤怒来表达他们的不满。总的来说，将愤怒理解为正面情绪是有好处的。每一种情绪，包括愤怒，都可以被夸大，以极端或负面的形式表达出来。每种情绪都有潜在的问题。但这并不是说，这种情绪本身是不好的。愤怒让你知道有什么地方出了问题，你必须要面对，并有效地表达你的不愉快。在表达愤怒这一特殊情绪力量方面，是没有年龄限制的。

愤怒是衍生情绪

人们不知道自己为何愤怒，却会立马意识到自己会为一点琐事就大动肝火。在这里，我们谈谈一种特殊的愤怒：它来得非常快，而且起因于不起眼的小事。很多人将愤怒根源追溯至儿童时期或青春期，或父母、亲戚、老师粗暴或类似的态度。

因为没有找到合适的表达方式，所以总是发怒，这种发怒是一种长期性的情绪。有些人总是气愤不已，为一点小挫折就大发脾气，这通常没什么作用，而且似乎生气也没有生到点子上。通常这不是对当前不适的反应，至少部分上来说，是在发泄多年前积攒下来的郁火。可以试着对童年或青春期进行反省，找找那些郁积的各种压力，反复讲述你的经历，直到顿悟，意识到问题所在。

有些人认为，应对长期性愤怒的最好方法就是发泄出来：击打枕头、大喊大叫、哭泣、咆哮。我从来不相信发泄疗法，因为愤怒通常是衍生品，从原始的心理受挫感衍生而来。

用自身经历举个例子。我母亲是个非常亲切、富有爱心的女性，但她所受的教育以及家教告诉她，儿童应该安静而且听话。她经常告诉我在公共场合要安静。在家里，她喜欢娱乐活动，也会和我一起做游戏，但如果出去和外人在一起的话，她就期待我安静地坐着，一动不动。我记得四五岁时，发生了一件标志性事件。她告诉我她要出一趟门，一个小时后回来，让我坐在门廊第一层台阶上等她。结果她没有按时回来，到家时已经很晚了，发现我仍然坐在门廊台阶上，她很吃惊，问我为何没有出去玩。我迷惑了。我被告知坐在那儿，不要出去玩，我相信，如果我离开了，她会发火的——我曾见过她失控生气的样子。但现在她竟然心平气和地期待我去做我想做的事。

　　如果你处在我的位置，你就会明白我当时有多么迷茫和愤怒了。这件事给我留下了深深的烙印。即使过了整整70年，我仍然对这件事记得清清楚楚。我的童年很幸福，但成为一个心理治疗师后所接触的很多案例告诉我，人们所受到的伤害来自父母，以及其他成年人。这些人虽然没要求孩子听话，但是很可能会打孩子、吓唬孩子。我的母亲安静而又富有爱心，单单她那令人困惑的观点就会激起我的强烈情绪，那么想想这些人，他们在暴力环境中长大，没有爱和温暖来化解自己的这些困惑，回忆起过去的话，他们会是什么感觉？

　　现在这样去想一想，一群来自不同背景的老年人，住在养老院里，大部分人都懂得老人要有老人的样子，举止得体。但每个人在过去都有着被苛求和压制的经历。将他们的年龄加起来，算算被压制的愤怒有多少？！

　　愤怒有一个特点：它不仅仅来自感情和语言虐待。愤怒是一个人内在创造力的表现形式。因为某种原因，你不能过你想要的生活，从事你想做或需要的工作，在要求从众的社会里，不能实事求是地表达自己的个性，那么，你将会愤怒。

　　同样，有一些小技巧可以帮助老年人处理内心的愤怒，向他们展示如何用含蓄的语言，有感情地表达自己的观点，宣泄情绪，给他们表现个性的机会。这些都是愤怒的延伸物，可以将愤怒转化成本身自带的富有创造力的正面潜能。

应对愤怒的老年人

愤怒是因为内心受挫。哪些梦想还未实现，老年人虽然心知肚明但仍期盼实现，并且会问自己："我活着的意义何在？我曾做过哪些值得自豪的事？"如果答案是否定的，他们会陷入悲伤。

这样去想的话，大概可以理解人为什么会愤怒。虽然发怒可能会让人脾气暴躁，但坏脾气是个人格面具，或一种心理情结，你可以和它保持距离，用幽默的态度去看待它。对怒火无伤大雅地开个玩笑，可以有效抵御由之带来的恶劣影响。

讨论愤怒有助于情绪的疏解。如果家里有个坏脾气的人，你可以鼓励他回忆过往，想象下发怒可能导致的后果，从而更好地理解愤怒的意义所在。作为心理治疗师，我用幽默和愤怒保持距离。幽默会让人想到发怒的场景和导致的后果，因此更容易找出发怒的根本原因。

如果家里有个脾气古怪之人，请参阅以下清单：

1. 帮助这个坏脾气的人学着去喜欢某人，不要让他觉得自己被忽略、被忽视，或被遗忘。

2. 帮助他找到表达自己的方式。

3. 引导他讲述自己的人生经历或故事，甚至是童年时期的故事，以及那些引发愤怒的故事。

4.确保他可以自主选择，而不需总是服从规则或某人的意愿。

5.不要认为他的愤怒是针对自己，试着去理解根本原因。

很多时候，我们无法在感情上和行为上和别人保持一致。如果想维系良性的人际关系，我们也许应该向心理治疗师学习。这并不意味着，在和关系亲近的人交流时，我们要扮演心理治疗师的角色，而是指和对方保持一些距离，通过对方的行为辨认出他的本意。父母和老师需要这样对待孩子，伴侣需要这样对待他们的亲密爱人，年轻人需要这样对待老年人。

也就是说，你需要看见对方的灵魂，以及它的美好和冲突之处。你需要同时考虑这个灵魂中的很多面：以往生活的阴影、言谈举止中隐藏的潜意识需求、他正在试图解决的问题。人际中出现问题常常是因为我们只看表面现象。

如果你是那个坏脾气之人，但只是偶尔发发脾气，就不要评判自己，不要觉得你必须要改掉这种脾气，运用自己的智慧去寻找坏脾气想要表达的是什么，以及这背后的原因。切记不要陷入自我攻击之中。用你自己的话语，清楚有力地表达情绪。

有时愤怒和固执的原因很简单：药物、饮酒过度、缺乏足够的睡眠、某种迫在眉睫的担忧。不管原因是什么，都不要大惊小怪，但要在表面现象之下找原因。别人的莫名愤怒，或长期性的负面态度总是会影响我们。

多年的研究经历告诉我，纠正愤怒行为的方法是宽容待人。面对那些能说清楚自己愤懑情绪的人，我们可以义正词严地跟他们讲道理；但是对于无法清楚地表达自己态度的人，义正词严是没有用的。愤怒或脾气暴躁的人不但要学会和自己的情绪保持适当距离，亲属和护理者也要如此，不要和愤怒的人针锋相对。慎重一些，并留些反省空间。

愤怒是一种创造性力量，和任何情绪一样，它会表达过火、失控，它根植于过去的不愉快经历之中。你的工作、那个愤怒的人，以及身边的人，都会惹怒你，尽量克制住想要发火的冲动，看看愤怒到底在表达什么。不要将这个人的情绪和这个人混为一谈。你需要和愤怒保持距离，以大格局的视角看问题。

可以认为，愤怒总是代表着某种需求，因为某种原因而表达出不快。它经常被复杂的表象和理由所覆盖，但其本质是为生活服务。当我们年事已高，从前的愤怒就会遮挡不住，而且新的愤慨不平会产生新的愤怒。愤怒就像是莲花连根倒置：表面上有着难看糊着淤泥的根，朝下看的话却有着美丽的花朵。你需要培养慧眼，才能欣赏到莲花超凡脱俗的美。

第九章

玩，工作，退休

在上帝眼里，一切都是最好的安排，但对人类来说，月有
阴晴圆缺。

——赫拉克利特

回望人生，你会意识到工作占据了自己的大部分时间。如
今的教育，甚至是早期教育，都旨在培养年轻人掌握专业知识
和技能，为工作做好准备。很多人希望花在学业上的时间能多
些，假期能短一些，甚至将娱乐和体育也被变成了谋生的机
会。换句话来说，工作和玩耍之间的平衡被打破，生活里工作
至上。

以工作为主的生活往往让人不堪重负。想要在竞争中生存
下去，年轻人就必须不断接受培训，获得足够的工作经验，或
者延长工作时间，从而被赏识并获得提拔。

为了生活辛勤工作一生之后，退休又成了一个新问题。你该何去何从？如何度过余生？从哪里可以继续找到自己的价值感？在此之前，人们已经习惯于从工作中找到意义感和价值感。如果不工作了，还能做些什么？

这些问题让人抑郁不已，难怪老年人感觉泄气。但问题不是老化或你在变老，而是人们以前将自己置于非常适合年轻人的活动中，当人们老去时，这项活动就会消失或者破碎。

解决方法就是，不要将工作总是置于生活的重心。生活中有很多人和事也能给人带来意义和喜悦，这些人和事不涉及体力消耗、耐力考验，以及提拔机会。他们和灵魂有关，永久存在，和年龄无关。当有一天你无法工作时，需要关注这些事。

我们经常用"退休"一词指工作或职业生涯的终止，但这个词也暗示着工作是人生的目标、主要的意义和价值来源。当工作终止，我们不知道用什么词来描述接下来的生活。退休是个贬义词，它意味着"不再工作之后，然后呢？"事实上，旅游、学习、阅读以及工作之余的其他活动，也许都是你为了退休之后的生活所做的重新规划。从工作中解脱出来之后，也可以很好地生活，你最好用这种希望性的语言讨论退休之后的生活。

退休意味着放松、自由、更多的选择、创造、展示自己个性的机会、更多的回报、更多的时间。你感觉失落，是因为几十年如一日你都在工作，你想念了如指掌的日常生活和活动，这说明，你对自己的能力还不够了解。现在你可以有机会去发现，生活里还有什么可以去做。

借助工作，我们可以增加威望、赚钱、获得成就感，达到目标。与工作相比，深处的灵魂没有这般光彩耀眼，它有着一套不同的价值体系，这关系着我们的很多方面：

1. 审美。

2. 沉思。

3. 触动心灵的经历。

4. 有意义的关系。

5. 知识。

6. 亲情感。

7. 艺术。

8. 精神宁静。

9. 集体或社区。

10. 舒适放松。

年轻的时候，你也许有一套不同的价值观，比如努力工作、赚钱养家、购置房产、上学、争取独立等等。而年长之后，你的社会地位不同了，人也变得更深思熟虑。当然，有些人在老年之后继续辛勤工作，但依然可以从灵魂的价值观中受益匪浅。

筹划退休计划的最好时机就是刚参加工作之时。这就是我所说的在人生每一阶段变得成熟的意思。在 20 岁出头时成为一个斜杠青年，而不是只被工作定义的人。无论这份工作的回报有多丰厚，你都要深度参与生活的方方面面，跳出职场或家庭的安乐窝。

假如你需要为工作而放弃生活，那现在就想想退休时能做什么，看看有哪些方面需要关注和培养。这些方面可能平时都被隐藏在工作背后了，或者，你可以仔细看看眼前的世界，发现你渴望去参与的领域。

我的好朋友休·范·度森在哈珀·柯林斯出版社工作了40年之久，最近退休了。休说话慢条斯理，平易近人，修养很高。在早期的职业生涯中，他对神学、哲学、文化研究很感兴趣，刚开始在火炬图书工作，然后转入哈珀永久出版社。我在20世纪80年代和他结识，1990年他负责出版了我的作品《心灵地图》。从那之后，我们就一些书的出版又共同合作了10年，关系变得亲近起来。

工作之余，休喜欢画油画，在他曼哈顿的办公室就挂着几幅他的作品。我总是被业余艺术家折服，因为他们总是在探寻如何构建有意义的人生。休的油画吸引了我，其中闪烁着原创的灵光，色彩的使用也别具一格。有一天，在纽约公寓里，他向我展示了更多的作品，我再次为其简洁的画风和精湛的技巧所折服。在那期间，休还做了些手工缝制布艺的针线活，看见他的想象变成现实，我非常佩服，因为在手工纺织艺术品领域中，很少见到男人的身影。

如今，20年过去了，休即将告别自己的职业生涯，期待

着拥有更多时间画画、缝制布艺、陪伴妻子。他的老去是优雅
的，因为他深入生活之中，思想活跃，无惧做出抉择，拥有了
生活的艺术。对他来说，退休意味着以前的爱好变成职业，或
至少可以有更多时间活在艺术世界，而这和大型出版社的商业
环境大不相同。

当然，书籍、绘画以及手工缝制布艺并非风马牛不相及，
但是艺术成为退休后的生活重心，这比不知如何打发手里的时
间不知要好多少倍，而且其意义远远超过这些。这就是优雅地
老去，可以将生活变得更有意思、更有创造力，而且还能够满
足表达自我的渴望。艺术将现实和梦想完美结合在一起，这就
是艺术所能够起到的效果。

优雅老去的关键不是有事可做，而是所做之事能将你的
外部世界和内心生活连接在一起。实现这一目的的最好方式
就是追求充实的职业生涯，与此同时让艺术在生活中占据一
席之地。艺术属于神秘世界，充满诗情画意，即使它是简单
如缝制布艺这样的手工艺术。生活中充满艺术氛围，就如同
和动物在一起——它们带来某种原始神秘的气息，但很难说
清到底是什么。

在我看来，绘画作品以及手工缝制布艺使休睿智优雅，同
时也为他铺就了退休后颐养天年的生活。这并不是说他有什么
事可以做，而是他在创造美的时候沉浸在反省之中。手工缝制
布艺和绘画都属于冥想的一种形式。

我对两件事有这种特殊体会：音乐和写小说。我大学时认

真学习音乐，但从未将此作为职业。每天弹弹钢琴，学习学习乐谱，音乐将我带入另一种世界，它是高于现实的灵性空间，而且音乐家和萨满僧人在这一方面有着共同特质。萨满僧人借助音乐使灵魂得以穿越时空，而音乐家用萨满僧人的音乐观来加深对音乐的理解。

我有时会想到早年学习音乐作曲的日子。我从来没有将这些技能用于谋生，但音乐却极大丰富了我的生活。回头看去，我意识到，我学习音乐是为了灵魂，而不是生存。音乐陶冶我的情操，影响我做的任何事。在我晚年的时候，它更加弥足珍贵。这并不是说我有大把时间花在音乐上。因为我还是一如既往地忙写作，我的时间其实很紧张。我的性情变得更加醇厚，这使音乐在我心里的地位变得比以前还重要。它滋养了我，在我心目中有着不可或缺的地位，这使我有不同的感受，对人生反思更多，更多地思考那些超然于尘世之上的永恒之事。

不亦乐乎的工作和用心的玩

我们常将娱乐和工作分开，但从深层来看，这两者通常如影随形。寻求工作也许类似于竞技，你尽力去做，去追求，然后不是成功就是失败。一旦进入职场，为达成某项交易和项目，你也许会棋逢对手，整个过程就像是竞赛。认真研究的话，你可以看见其中博弈和游戏的因素，你会注意到，这些都一点儿也马虎不得。

约翰·赫伊津哈在《游戏的人》一书中强调，比赛是游戏的重要成分之一，参赛者需要按规矩去玩。在职场，为了脱颖而出，我们经常与同事或者同行交手过招。从某种程度上看，这都是一种全力以赴的严肃博弈，但其中充满着游戏的精彩刺激。政治也不例外，它有其强制性规则，但充满游戏的因素。人们喜欢政治辩论，因为辩论的本质类似你来我往的游戏，而我们通常也会兴高采烈地讨论谁能胜出，就好像讨论一场足球赛一样。

宗教仪式神圣庄重，但也有游戏成分，人们穿上特定的服装，戏剧式地进行特定活动和程序，全是为了赢得人生这场终极赛事。婚姻和持家也同样如此，就像孩子们扮演的过家家游戏。很难想象，有哪些事情中没有游戏和竞赛的成分。

游戏不仅仅是某种我们做的事，还蕴含了我们所做之事的方方面面，其中原因之一就是，这是人类灵魂的原始活动。它包含很多灵魂的主要价值：愉悦、诗意、象征、意义、戏剧性，以及假设的幻想，有着一出戏剧该有的一切。表面看起来，生活容不得半点差错，但在这之下，你会发现游戏和博弈的踪迹，而参与其中的愉悦是赠品。愉悦就是灵魂所要追求的感受，哪怕是在严肃的商业活动中。

假如你是小型企业的老板，你也许想象，在国际商业大舞台上，自己是主要参赛者之一。你获得或失去合同，学会按规矩出牌。

仅仅注意到严肃事情中的游戏成分是不够的。你可以给这些事增添乐趣，培养游戏精神，比如开放性、创造性、启发性、想象力，并将其带入你所做的严肃事情当中。然后当你步入晚年，从一丝不苟的工作中退休，你就会具备玩这些游戏的素养，懂得如何认真投入某种游戏中。你也许懂得，有更多游戏机会并不意味着你的生活就玩世不恭，它只会使生活更有意思、更有灵性。

　　我在高尔夫球场结识了很多退休了的人，他们如今有时间可以非常认真地对待高尔夫球这项运动。在这项运动中，他们以运动的名义，来放松自己滋养灵魂，而之前他们仅仅是借着工作的幌子玩这项运动。运动总归来说是一个灵魂活动，只要你在做的时候是为了充实心灵，而非为了现实性、经济性或自我标榜的目的——如果你真的是在玩游戏的话。

　　只做不玩，工作就是个负担。游戏有助于减轻工作带来的压力。如果一份工作既像博弈，严肃认真，又像游戏，让你情绪活跃，兴趣倍增，就会激发你的热爱。这样的话，工作就会使你成为一个有血有肉活生生的人，而不是个机械枯燥的人。这样的工作也丰富了你的灵魂，或至少会让你从工作经历中提炼出有灵魂价值的东西。如果只是机械单调地工作，无任何乐趣或愉悦可言，工作就会使你成为一个枯燥的人。岁月流逝，你在变老，但并没有变得更好。

　　假如说，你做了一辈子的木匠，你所获得的乐趣就像儿童在玩积木时获得的愉悦感，雪地中堆个房子或城堡的快乐感。你可以将这份乐趣带进木匠的匠心精神之中，当你老了，你也许内心就会充满这种游戏的乐趣感。你也许会试着去做从前不能随心所欲而总是渴望可以去做的木匠活。我认识一位男子，他亲手搭建了自己的房屋，并在这个房屋中养大了孩子。如今他年事已高，盖房子对他来说已经力不从心，但他兴致勃勃地在自己家的空地上搭建起一个小小的日本茶舍。这个例子就很好地说明，工作和游戏之间无界限。

带着灵魂老去不是做一天和尚撞一天钟，而是成为一个饱满丰富、真实的人。当你全情投入、享受这份工作时，你将变得专注、富有想象力和创造力。你全身心地扑在工作上，发自内心去做的话，会有很深的愉悦感和回馈感。

离开修道院生活成为一个大学生后，我获得一份"卷硬币"的工作，机器将25美分、10美分以及5美分硬币分拣出来，我的工作就是尽快将相同面值的硬币在纸里卷成条。一度，我一天工作8个小时，在工作快结束时，将地上的散钱堆积起来，堆成百元堆或千元堆。在我的记忆中，这是最没有灵性的工作。但这份做了不是很长的工作，使我对自己、对体力活，有了更直观的了解。

这份枯燥的临时工作使我变得成熟，现在回想起来，我依然将此作为一种分拣我当下生活价值的方式。某种程度上，如果作家这一行当需要做些枯燥乏味的事，比如计算页码和字数，我不会抱怨。因为我记得一天8个小时包硬币的滋味。对从事麻木灵魂毫无乐趣可言的工作的人，我深感同情。

如今，如果星期天不下雨不下雪的话，我和老朋友罗伯特会打打网球。他出生在英格兰，在德国居住了一段时间，然后在美国沃尔多夫任教。罗伯特思想深刻，我问他有没有想过老了退休后做什么。他 67 岁了。

"经常想。"他说，"这对我来说很重要。如果身体允许的话，我计划退休后做很多事。"

请让我就这句话在此谈一谈。注意到了吗，健康是第一要事，而且健康总是和命运有关，它不可预测。我们不知道可以去期待什么，而且我们不得不为命运留些心理空间，知道它会击垮我们，和我们的计划作对。但是我们和罗伯特一样，依然带着希望去做计划。

他继续说道："我想在世界各地教教书，一个地方逗留几个星期。我想要边走边学。我依然还需要照顾我的灵魂。"作为一名在沃尔多夫任教的老师，罗伯特提起"灵魂"这个词时毫无矫揉造作之感。"我尤其是指亲情关系：我的妻子儿女，以及他们的家庭。我也喜欢学语言和音乐。想帮助年轻人找到自我，打好实现有意义的人生所需要的基础。"

罗伯特是个非常出众的人，我注意到，当我首次问他关于"退休"的看法时，他很认真。这场谈话对他很重要，我采访的大多数人也都是如此。罗伯特依然想通过为他人服务来赋予生活价值，但他也同样在意亲情，并有着自己的计划。

我感到，他所说的是个非常好的模式，那些也在想着退休以后生活的人，可以借鉴一下。虽然貌似随意，但他很清楚地设置了各种价值的等级：健康、亲情、为他人服务、个人心

愿。他对退休生活做过深思熟虑的思考。他的计划既清晰又很
灵活。

　　值得一提的是，这种严肃话题发生在打网球的时候，就如
同你需要和一个朋友谈谈你和某人的关系，你也许会选在午餐
时间，食物可以打开心扉，让人进行灵魂与灵魂的交流，同
样，如果想有一场关乎心灵的谈话时，你也许会选择和一个朋
友玩某项运动的时候去谈。

　　游戏还包括其他的好处。它有自己的时空，让我们体会
到忙里偷闲的愉悦。这就是游戏超出现实的时空性，或者说
它有着自己的时空规则。在某项运动过程中，我们可以感觉
到心灵从快速繁忙的日常生活中解脱出来。有时候，这足以
使人联想到时间的凝固，并意识到现实世界的时间概念是可
以被打破的。

　　退而不休——我用这个词泛指那些没有正式退休，但依
然在工作生活中经历重要转变的人——这正是很好的反省时
间，可以对过去繁重生活的记忆进行加工提炼。这种分拣有助
于增强自身意识感，以及你的价值感。在谈话中提到过去很有
好处，这样会对过去有着不同的感受。你可以将你想说的经历
一一列出来，然后写下细节。

充满灵魂的退休生活

　　如今，人们对退休生活的看法各持己见，而如何度过退休

后的时光大家也各有妙招。有些人沿袭传统，收下大家赠予的金表，宣告自己离开了工作岗位①。也有的人觉得，工作不会随着退休年龄的到来而结束。还有人虽会正式退休，但依然会继续和中年时一样工作，参加各种活动。

　　父亲以前是一名水暖管道工兼水暖管道业内讲师，退休后，他常去各学校做演讲，讲述水在日常生活中的重要性。这其实和他以前的工作没什么区别：抓住每个机会让孩子以及年轻人懂得生活的美好与奇妙。退休后，他希望利用自己的经验和知识，回馈社会，帮助孩子们成长。

　　在为此书做研究调查时，我和我的文学经纪人的父亲卡尔·舒斯特进行了一场令人难忘的长谈。任何一个想要过"充满灵魂的退休生活"的人，都可以从他的经历中受到启发。

　　卡尔是个退休律师。他打算在波克夏度过大部分闲暇时光，偶尔回趟城里的律师事务所。他认为，退休是人生最美的时光，尤其是，如果你想做什么事，此时简直就是天赐良机。和很多退休以后的人一样，他强烈感觉到回馈社会是人生的一部分。卡尔的回馈社会之举就是支持并促成一个家庭音乐项目，这样的话，音乐家，尤其是年轻的音乐家们，就能够在人们的家里进行演奏。

---

　　①　给在公司工作了几十年的员工退休时赠送一块金表是过去的老传统，意指"你为我们付出了你的时间，如今我们将时间回赠与你"。如今这一传统已经式微。

关注年轻人并帮助他们，这使卡尔找到了解决年长者和年轻人代沟的途径，同时也使得老年人世界和年轻人世界一起进入卡尔的灵魂里，这对任何一个将老未老的人来说，都很重要。

他知道，家庭音乐会使他形成了新的朋友圈。音乐活动丰富了人们的生活，音乐家们也收获了经验和些许收入。

卡尔认为音乐是"无须宗教教义的灵性"。身为犹太人的他认为，音乐虽然和宗教相关，但它本身独立存在，并和人类息息相关。音乐将他带至精神信仰体验之巅，却不局限于宗教信仰。

对卡尔来说，专业家庭音乐会带给他一种类似于父与子的关系体验。他发现年轻音乐家们勤奋优秀，敬业专注。他喜欢他们。古典音乐带给年长之人独特新颖的理解，尤其是近距离欣赏时，你可以在音乐里感触到这些年轻人的生命，虽然与他们刚认识不久。

去佛罗里达避寒过冬时，卡尔结识了很多人，他们曾经在波克夏逗留过，并且也知道这个家庭音乐项目。这让他觉得音乐的超越性将不同的人带到了一起，年轻音乐家感染了他们，而他们也非常珍惜和这些老音乐家的近距离交往。如今，卡尔正在筹划一个涵盖面较广的老年继续教育项目，他认为作为一个自由退休人士，一切皆有可能。

"退休"并不是真正意义的退休，确切来说，应该是退而不休，在很多方面，其实是"被解放了"，从此可以自由地追求某些东西，这在以前以工作为主的生活里是不可能实现的。退了休的人迎来了"人生大解放"，他们可以追随内心的渴望，并真正地去实现它们。

卡尔的例子再次表明，游戏和工作并无明显界限：工作的灵魂来自其中的游戏性——卡尔的律师职业充满游戏式的规则和竞争，尤其在法庭上，这带给了他自我价值和人生成就，然后卡尔将游戏和工作带入退休后的人生，他关注音乐以及音乐玩家，带给他灵魂享受。而且这些音乐人是玩家。他们从不为人知地玩，发展到职业性地公开演出。从在严肃活动中玩得不亦乐乎，到真正的专业玩家。

关于退休生活，我也许和其他人的看法不一样。作为一个作家，我希望写到死亡的那一刻。探访了希尔曼之后，他就与世长辞了，这带给我某种触动和警醒。在乡下的家里，他躺在病人专用床上，吗啡静脉注射袋悬挂在床的上方，但他依然在写作，直到生命的最后一刻。有一天，他对我说："我觉得解脱了。我不再紧张于选举结果。新闻都不重要了，这样我就有更多的精力来做其他事。"

我也有个人目标，有些也许比较自私。我想学习梵文，因为对印度教感兴趣。我已经学了点词汇，发现它们无比优美：轮回、苦谛、佛法真相。我精通希腊语和拉丁语，这是年轻时的学习成果。它们也是神圣的语言，因为它们使我更贴近《福音》的原版精华，以及神话里的诸神和诸女神。这些都是神圣美丽的词汇：拉丁语 Anima（阿尼玛）[2]、vis（生命力）、puer（男孩）和希腊语 metanoia（悔改）、psyche（灵魂）、kenosis（虚己说）[3]。对我来说，学习神圣的语言似乎是晚年最适合不过的事，也可以为死后超脱凡界进入永恒世界做准备，无论这永恒以何种方式显示出来。也许神圣的语言就是永恒之境的语言。

但和父亲以及卡尔·舒斯特一样，我也感受到回馈社会的召唤，毕竟我得到了很多。我想帮助年轻人理解他人、世界以及生活之美，希望他们能活到老学到老，发现美丽的语言，欣赏经典画作、珍奇异兽。我也想帮他们找到方法，来应对那些令人痛苦的感情，化解心灵的挣扎纠结，超越个人局限性。我想带给他们希望和洞察力，以及欣赏深层愉悦的能力，尤其是能够领略到蕴含在古典音乐、发人深思的油画，以及不朽的建筑中的那种触动灵魂的愉悦和美。我知道，这些是我这个年龄的品位。年轻一代也会发现触动他们灵魂的东西。

退休是接触新发现、解决老问题的时候。这时你的人生归零，还有很多要去经历、去表达。就如同我的朋友休，他可以忘记习俗和他人的期待，画自己的海景油画，为他的烤炉缝制

---

[2]　阿尼玛是荣格提出的两个重要原型之一，是指每个男人心中都有的女性形象，是男人心灵中的女性成分。

[3]　虚己说源自希腊文的 kenosis，意思是"倒空"自己，用来描述基督成为肉身后之神性的地位问题。

垫子，以及缝制自己的床罩。还有什么更重要的事？在这种生活里，有着所有简单的高雅，足以使他颐养天年。

退休后的生活是炼金时光：凝视记忆的玻璃瓶，一遍遍地回放所有经历，释放出它们的美妙、悲伤和永恒的意义。这就是灵修。它使身心合一的过程至臻圆满，事实上，也许是这一过程中最重要的一个环节。年迈之后有很多可做之事，而这些事没有令人热血沸腾的功利性，不受时间制约，也没有英雄情结或苛求，但都和灵魂有关。

退休意味着退出喧嚣回归心灵，去静修和做做白日梦。你的注意力向内转。回首往昔，你内心五味杂陈：渴望、悔恨、满足、欲望、遗憾、决心、羞耻，以及一丝希望。在想象中、回忆里，你不停地体会这些情绪，用心地体会，然后带着一丝希望，希望能够有所感悟，活得明白，甚至原谅一切。

我喜欢将退休看作人生"装上新轮子"的机会，你不是老了，跑不动了，而是需要安上新轮子，带着新的驱动力，调整人生方向，直至生命终点。你不再从事某种工作，你的人生如今以娱乐为主，你可以带着一丝不苟的态度去玩，发现你的心之所在，有时你会感到要是早点退休就好了，恨不得从头开始，重新来过。

中世纪有首广为流传的歌曲，叫《我的结束是我的开始》。这是一首退休歌，或晚年歌。你重新回到起点，审视过去的经历和决定。你将它们在冥思苦想中翻来覆去，就如同抛光打磨河底的石头。你叙述自己的故事，就像对石头进行抛光，恢复它们本来的面貌，在愉悦和遗憾之中，新感悟新思想慢慢出现，然后你意识到，你本来可以有不一样的人生。

带着这种感受，怀着对早年生涯的认识，你可以看见自己曾经是如何开始的，发现很多自己从未意识到的东西，如果可以的话，你会做出怎样不同的选择，即使你知道，如果真的可以重新来过，也许一切依然如旧。你的过去塑造了如今的你。你的选择决定了你的人生。只有改变它们，你才会脱胎换骨。于是你学会去接受如今的自己，并懂得，所有的错误都是人生拼图的一部分，也是你之所以成为你的原因。这是个心酸痛苦的教训。

如果你的人生曾是团烂泥，你需要处理其中的杂质，化腐朽为神奇，就像炼金术那样。这并不是一个简单容易的过程，但并非不可能，如果你不沉浸在自我怜悯之中，而去珍惜人生，就会容易很多。

华发苍颜也许是苦涩的。至少，你会时不时感到这种苦涩。你也不必让自己成为一个内心苦涩的人，虽然垂垂老矣令人无奈。你需要赎回你的人生，要实现这一目的的话，需要接受命运的安排，不去觊觎别人的人生。如果你悲伤，这悲伤是人生的一部分。这是人生的馈赠，你可以将这份馈赠加工成自己的宝贵财富。很多人认为自己的人生已成定局，因为父辈曾经是失败者。但这之间并无逻辑关联。你可以拥有自己的人生，父辈的问题由他自己来补救。关注你所能做的。

现在让我们再次谈谈愤怒。有时，你为自己以及你和他人的关系所能做的最好的事，就是从你的愤怒中汲取养分，将愤怒情绪看成生命燃料，变成一个坚定有力、立场鲜明、犀利敏锐的人。

愤怒情绪使你意识到什么是重要之事，让你退一步去审视。它帮你痛下决心做出你本该早去做的决定。退休就是一个机会，让你找到生活中什么才是最重要的。不再需要虚假的人际关系，不再对金钱得失看得很重，不再维护面子上的虚礼和一团和气。

工作和退休：相辅相成

工作只是人生的一段旅程，退休意味着告别这一旅程，开始下一段重要的旅途。在这之前，你一直在工作，在工作中发现了自己的价值，在工作中变得游刃有余。如今，你即将放弃这一切，顿时觉得无事可做，变得无所适从。

每个人都有一些想做却未曾做过的事，退休后有了大把时间，正是实现这些愿望的时候。他们旅游，拣起过去的爱好，学习某种技能，忙于自己的兴趣。我父亲终生热爱集邮，退休后，他将业余爱好变成正经事来做。正如我所说，如果晚年是滋养灵魂的时候，你需要将退休后的生活变得像干工作一样有仪式感。如果你只是对想要做的事略知皮毛，是无法实现这一目的的。

在规划退休生活的时候，你需要考虑内心深处的自我，以及如何才能让之后的人生有所不同。如果计划去旅游，可以去对你的灵魂有意义的地方。如果去做志愿者，那就将所做之事变成和灵魂的沟通。如果想培养一个新爱好，可以考虑能够开启新生活并有利于灵性的活动。流行的退休生活计划注重的不是金钱积累就是肤浅的活动，但现在是让生活变得更有意义的时候了，除此之外，再无其他值得考虑的事情。

我想学习梵文，因为年轻时拉丁语和希腊语的学习使我受益匪浅。我经常接触梵文，但从未真正学习过。如今年事已高，职业生涯也许正在走下坡路，但我依然有很多年在坚持写作。虽然我想学习梵文，但也只能在业余时间去学，毕竟冯唐易老，学习的效果和奋发努力的年轻学生有所不同。身体退化，精力减退，自然生理法则会放慢你的步伐，但我喜欢这种理念：顺应天命，根据自己的身体状况徐步慢舞。

退休不仅仅指从具体的工作岗位上的退出，也指从匆忙度日的习惯中退出来，不再试图证明自己。这并不是放弃生活，而是用一种不同的方式生活，将生活变得更有意义、更深沉，这会带给你更深的愉悦和满足感。退休可以指在心态上变得从容不迫，不再图虚名，从此放慢脚步欣赏人生风景。更加用心去品味生活，知足常乐。少做些，慢慢做，在反思中变得深邃，在细微美妙之处探寻洞天，营造灵魂的桃花源。远离对灵魂没有滋养的活动。

作家约翰·拉尔对退休后的生活充满激情："回归尘土之前，我希望品味尘世。我想沐浴在阳光之下。老骥伏枥，志在千里，只要我腿能动、眼不瞎，我依然想出海去钓鱼。"

重新定义退休概念，从另外一个视角看待退休后的生活，可以消除它的无聊空虚之处，将之变成一种新的探险。这是辞旧迎新的时机。但是你不需要因为新鲜而去做新鲜之事。你视退休后的活动为通向灵魂之路。做你的灵魂认为最有意义的事，虽然这件事也许和你以前所做的极为不同，那时候你做的事是种让步——将想要做的事让步给经济现实。

你从英雄故事中退场，以前你需要降伏恶龙，赢得美人归，同时还要应付其他令人心力交瘁的事，你是人生多面手。现在你可以服从灵魂的需求，换种方式生活。带着平和的心态去发现更有意义的事情，全心全意投入进去，无须再证明自己或知难而上挑战自己。

我当然并不是说束手待毙，从此与世无争。人们有各自的特性。有人喜欢坐在安乐椅里静养，有人比以前更加活跃。格洛丽亚·斯坦内姆在《我的老年我做主》一书中写道："人们都认为晚年更宁静、平和，就是日暮穷途，真的吗？好吧，我现在就要倒行逆施。"

当我和退休的朋友们聊天时，我发现他们不但没有远离生活，反而生活得更加积极。他们对生活比以前还要认真投入，并且所做的都是对自己以及对社会有意义的事。但是我的确感觉到他们的内心有着前所未有的平和宁静。

　　"退出尘嚣，回归心灵"这一理念和道家的"无为而治"相吻合，或带着顺其自然的心态去做事。这个被称作"无为"的哲思，是我余生的理想。无为而无不为，或为而不争。

拥抱未来

Ageless Soul

第四部分

活着的或死了的，醒着的或沉睡的，年轻的或年老的，是一体的，是同样的事。在每一件事情中，由于突然的、意想不到的倒转，前者变成了后者，后者又变成了前者。

——赫拉克利特

第十章

长者的角色

我对自己说，如果我想有任何安宁，除了看见镜子里满面的皱纹之外，我还得看见某样东西，是的，某样东西，总是与我同在。或某样一直与我同在，但从未有过见天之日的东西。

——珮吉·弗雷德伯格《湖畔诗集》

很多人说，他们在寻找长青不老泉，但你绝对不会听见任何人在寻找老人泉。但是，真正的老去，不是变老，而是天赐之物。我们对老去有抵触，是因为它确实存在很多无法驳斥的事实。如果年事已高而又人格成熟，也许我们会发现老去的诸多珍贵之处。

真正成熟的人，自然而然会成为智慧之源，我们常称他们为长者，这是一种尊称。在没有灵魂的时代，人们只关注老去的表层价值，而忽视了长者们的高贵以及难能可贵之处，从而失去智慧和精神灵感的源泉，导致社会文化的沦丧。

我人生的转折点，发生在 19 岁。那时我已经在圣母忠仆会学习了 6 年，刚刚结束修士见习期，一个为期一年密集的精神生活研习。我正在迈向通往神职这一漫长旅途的下一步——去爱尔兰学习哲学。我乘坐的是驶往爱尔兰的"玛丽皇后号"轮船。在途中，我忽然冒出了个想法，希望找到一件爱尔兰艺术品，然后两年学习结束后将其带回家。

我一到爱尔兰，就迫不及待地写信给都柏林国家美术馆公共关系办公室，寻求帮助。很快，美术馆总监、著名诗人和学者托马斯·麦克利维亲自给我写了回信，邀请我到都柏林见面。

这位德艺双馨的长者打破常规，向无名晚辈做出可能会转化为友谊的友好举动，当然，这的确成了现实。很显然，托马斯有心结交新朋友，并且愿意像父亲一样引导我，其实他已经这样做了很多次了。

在美术馆，我被请到他的私人办公室后厅，这是个不大的房间。托马斯坐在炉火前的沙发上，肩上裹了个薄毯，打着领结，穿着职业套装。他开始向我讲述他和很多著名作家的友谊：威廉·巴特勒·叶芝、D.H. 劳伦斯、T.S. 艾略特，尤其是和詹姆斯·乔伊斯和塞缪尔·贝克特的友情，以及和画家杰克·叶芝的密切交往。他还帮助过乔伊斯的妻子诺拉和女儿露西娅。我觉得他那时也就六七十岁左右，举止庄重，但亲切温和，平易近人。

我去国家美术馆拜访了他很多次，有时我们会沿着梅林广场散步，或去都柏林地标性建筑谢尔本酒店一起度过下午茶时光。托马斯喜欢讨论诗歌、绘画，以及他所知道的那些艺术家的多彩生活。他也喜欢给我些建议，这是一位德高望重的老学者给懵懂无知的年轻人的建议。

有一天我们在雨中散步，一个衣衫不整的人在我们面前停了下来，他既没戴帽子，也没打伞，头发湿漉漉地贴在头皮上，雨水顺着鼻子往下流。他静静地站在湿淋淋的大街上，背诵托马斯的诗《红发青年胡·奥登内尔》。我深深地被感动了，托马斯眼里也含着泪，向那位男子表达了谢意。那一幕深深刻在我的脑海里，这是一位普通的爱尔兰人对托马斯的作品的肯定。

在那时，托马斯和住在巴黎的爱尔兰作家塞缪尔·贝克特是非常好的朋友。我也成了贝克特的忠实读者，对托马斯说的一切关于他的故事我都听得入神。有一次，我记得他说，虽然贝克特的戏剧多反映人性阴暗，而且数量不多，但他本人极为谦和平易近人。一天，托马斯对我说，萨姆①想知道我是否愿意陪伴他们两人去参加威尼斯的艺术双年展。我高兴得有些眩晕——没有比贝克特更让我想与之共度一段时光的著名作家了。但是我的修道院会长，也就是宗教团体的负责人，不允许我离开，而在那时，我还不能够离开那所宗教修会。

———————————

① 指塞缪尔·贝克特。

　　我继续拜访托马斯，听他讲述文学圈里朋友们的很多故事。他也给了我一些建议。"一定要在一个你不懂其语言的国家住一段时间，"他说，"当你写东西时，注意风格和文笔的优美，但一定要简洁流畅。"他还说："无论怎样，对朋友忠实，他们是你最好的馈赠。"

　　当我返回美国后，我们互相通了几封信。然而不久之后，他就溘然长逝了。在一封感人至深的信中，他写道："我希望当你到了我这个岁数，你的神职使命也是即将结束的时候，一个年轻人将会走进你的生活，就如同我托马斯所做的那样，爱护他，你会获得新生命。"

　　我时常在想，是什么促使托马斯·麦克利维在我身上花费他宝贵的时间。他也曾是最杰出的美国诗人之一、华莱士·史蒂文斯的好朋友。读他们之间的来信，你会发现，对华莱士来说，他不是一位长辈，而是真正的知己。在写给另外一位朋友的信里，史蒂文斯写道："他（托马斯·麦克利维）是当之无愧的圣人，终身有着近似中世纪的信仰，我喜欢他在信的末尾以'愿上帝保佑你'收尾，这对我来说极为特殊，我时刻谨记。"

　　他喜欢帮助其他的艺术家，他也随时准备帮助我，即使那时的我还未破茧而出，仍然是个毛头小子。从任何一方面来看，他都是值得我们所有人学习的榜样。成为一个年轻人的长者，我们将会在老去中发现真正的愉悦。

长者为友

读有关他和乔伊斯以及贝克特的交情方面的传记，你会发现，他"和他们做了朋友"。他并非一位高高在上或严肃的导师，而是位密友，帮助他们面对生活中的问题。就我而言，他邀请我到他的办公室，尊重我，并且关注我。他没有瞧不起我，而我那时年轻又不懂事。他和我在一起时很快乐，我也是如此。

几个世纪以来，有关灵魂的书籍都指出了友情的重要性。这似乎是人生不可或缺的一部分，但并不能获得相应的重视。人们很轻易就结束或开始一段友情，漫不经心也毫不介意。麦克利维将友情视为一种生活方式，这种独特的方式带给了他人生的意义。

有些评论家惋叹道，他没有成为了不起的大诗人。他写了很多优秀诗篇，也翻译了很多诗作，但他似乎在帮助有天分的人发现前途时找到了自己的价值。这对即将成为长辈的我们，是个启发。贴心地和他人做朋友，在其中发现意义，这也就是人们时常谈起的。我们也可以将这种友谊进一步强化，就如同麦克利维所做的那样，低调谦和地为年轻人提供指导。

我想对年轻未经世事考验的咨询师以及心理治疗师说：培养你内心的长者气度和智慧。虽然你年轻，但长者气度和智慧意味着去和你的来访者建立成熟持久的友谊。如果你被教导，在某种人际关系中，你应该和对方保持一定的距离，请不要拘泥于这种形式，伸出友谊之手，让友情延续下去，发挥作用，这样智慧和心灵慰藉才能在其中滋生。这就是友谊之魂，也是泛泛之交所缺乏的。

友情有不同层次。和有些朋友在一起，你觉得几乎亲密无间。有的是"好朋友"，但并不亲密。也有其他你称之为朋友的人，但实际上仅仅是熟人而已。

每当想到我的朋友托马斯，我就会想，他是否在那儿，等着我的出现。顺便说一句，我们从来不是"铁哥们儿"。他一直是位经验丰富、洞察世事、不温不火的绅士。提起我们之间的友情时，他的话语里充满感情，虽然年长，却能和年轻人谈到一起，智慧十足，同时对我的无知非常宽容。

承担起长者的角色

花甲也好，古稀也罢，成为一个麦克利维那样的人，你会发现自己的价值并为此获得满足喜悦。你可以欣然伸出你的手，以长者的身份，和年轻人做朋友，给予他或她引导。但要做到这一点，你需要将长者作为你的积极身份，这是你的人生哲学的一部分，也反映了你的品性。一位评论家这样评价麦克利维："独自待在房间写诗不是他的特性。他更喜欢大家聚在一起，热烈地交流。"

你可以在很多方面想象长者这一角色。你可以是社区里知识丰富德高望重的长辈。或者，你可以是个友善之人，热爱交际，古道热肠。你需要注意的是，不要认为老年人必须正襟危坐，离群索居。

生活中，我们常说"交朋友"，这意味着你不是自然而然地就有了友情；你需要付出，并且主动。作为长者，你需要成为一个广交朋友的人。同样，你还需帮助他人结交朋友。

一位长者，按理说，是智慧之泉。我发现有些年长的人不是很珍惜他们的经验或学识。有次我参加了一场医生座谈会——奥斯乐座谈会，组织者的初衷很简单：请年长者讲述他的人生经历。一位退休医生谈起了自己曾面临的富有挑战甚至有着生命之危的事情。其他在场的医生后来告诉我，这些故事对他们来说很宝贵。我很珍惜这些故事，它不是数据或科学资料，完全是个人经历，完全基于老医生的经验智慧。你应该珍惜自己的经验和学识。

每一位长者都可以自告奋勇地教诲他人，讲讲自己犯过的错误、走过的弯路、摔过的跤，以及有惊无险的经历，别人可以从中吸取教训。父亲曾对我说起过一位女士试图勾引他的故事。"这也许会很有趣，"他对我说，"但不值得。我的婚姻带给我的满足超过任何风流韵事。"我知道他想要给我上一堂人生课，但他通常不去讲课堂上的大道理。同样，麦克利维也很委婉地给我上过课，那时他正带着我参观国家美术馆，静静地向我传授如何欣赏艺术的知识。

祖父母的角色

我们也应该知道，长者会是多种形象，比如男性长者／女性长者、父亲／母亲、祖父／祖母，或声望很高的长者。对大部分人来说，都是从祖父母或者父母那里受到灵魂的熏陶。如果祖父母能意识到自己对孩子的重要性就太好了，因为他们在孩子的人生中也起着导师的作用。

祖父母给予孩子的爱和关注非常充沛，而且没有父母那种望子成龙的焦虑或忧心忡忡的感情。在生活中，孩子的灵魂需要更多无条件的认可、接纳和表扬，在这一点上，祖父母要比父母做得更好。对父母而言，其他人也可以散发出类似祖父母的特性，给予孩子那种无限包容的爱。

祖父母有自己的智慧和人生指南。我们可以在黑麋鹿身上看见这种神秘的预言性。黑麋鹿是苏族印第安人首领，先知般的智慧使他成为族群首领。在他的预见里，一位祖父对他说："你世界各地的祖父们正在会谈，他们已经召唤你来这儿，给你一些告诫……我知道他们不是老年人，而是世界的力量。"这就是说，万物有灵，它们如同古老的长者，带给我们启示和指引。

黑麋鹿总是说，我们应该以神圣的方式去看事物，这就是说，不要只看表面现象，而要看事物的本质。从自然世界，从动物身上，在眼睛所到之处，他仔细聆听祖父们的神秘交谈。

我们也可以做到这一点，明白在某种程度上生活本身就像一位祖父般的长者，总是在那儿指引我们。

祖父母几乎达到了超凡之境，他们的青春时代如今的年轻人很难理解，而他们死后灵魂将会去哪儿因为不可知而近乎永恒。他们经验丰富，深藏很多人生秘密。他们是当之无愧的精神指导。

长者 / 作家

先人也如同长者一样为我们传道授业解惑，他们把自己的话写在纸上，或留在屏幕上，我们从中获悉人生的道理。阅读时，我们时常会感觉有个声音在对我们说话，思考问题时我们仿佛听到了先人的声音。书籍离我们的生活并不遥远，也不抽象。书籍是媒介，向我们传递真知灼见。

作为一个作家，我深切感觉到自己身上肩负的长者角色，也希望自己的声音能够力透纸背。假如百年之后的读者能在内心"听到"我的所思所想、我的一言一语，能感觉到我在跟他们交流，我的作品才有意义。写作时我心里装着他们，希望他们将来能够感知我作为一个长者对他们的关注。

作为长者，我们的任务就是做好思想准备，时刻关注那些需要指引的人，也许在人生的某处，他们能够从你这里获得支持。如果老年人只是一味等着有意义的经历从天而降，他们也许会觉得空虚。他们需要提前做好准备，积极迎接将他们当作导师的邀请，就如同托马斯对我做出的迅捷反应那般。他打破制度性常规，向我伸出了友谊之手。

长者的治愈力量

诗人约翰·奥多诺休在他的作品《灵魂知己》中，将灵魂知己描绘为某种深层连接。它独立存在，不受自然法则的制约："你的灵魂知己帮你唤醒永恒沉睡的力量……恐惧化为勇气，空虚化为丰富，距离化为亲密。"

这些都是成为长者所需要的条件，对自己对他人都有帮助：有勇气去创造与众不同，愿意接受人生空虚时刻的考验，与生活亲密接触。而在如今的现代生活里，逃避生活的人生态度和做法比比皆是。简而言之，你需要具备这种长者精神，它于人于己都是有帮助的。

总的来说，帮助他人并向他人伸出援手，可以极大缓解不稳定的情绪。具体来说，如果老年人主动关心并帮助他人，大胆抛弃陈规旧俗，那些因老而带来的忧伤情绪就可以得到缓解。你可以将因老而得的人生经验与启示，传递给那些想要打破传统的人，那些寻求指点想要创造并主宰人生的人。

妻子有次做梦，梦见自己在灵修导师、昆达里尼瑜伽大师巴江的家里。在梦中，导师的妻子是我妻子前夫的祖母。在实际生活中，导师年长的妻子得不到应有的帮助，而导师本身是家长作风，在家中非常强势。我们认为，灵修学员内心缺乏强大的年长女性精神来与导师家长式的作风相匹配，这个梦意味着我妻子需要成长为一个更健康、智慧的年长女性。而年长女性精神也是一个人的灵魂知己。

我们所有人，无论男女老少，都需要强大的女性长者精神。它充满智慧，提供支持，勤劳深奥。在任何一个人的内心深处，都有着自己的女性长者精神。对你来说，它有你所需要的独特品质。你的任务就是了解它，并享受它的赠礼。它亘古存在，在它的帮助下，你的灵魂优雅成熟。

很多女性在年老的时候都试图让自己看起来更年轻，其实可以先试着唤醒内心的女性长者精神，也就是说，可以试着看起来老而优雅，懂得欣赏苍老的面容、老迈的身体之美。这样的话，我们的心态将会变得年轻，而无须抵制年龄的增长。**先接受自己的年老，然后你才会看起来年轻**，这貌似是两个对立面。因为能够成熟地面对自己的年龄，你会努力去唤回自己喜欢的那种青春风采。否认年龄，反而会让你在和变老做斗争中看起来更老。要知道，**你活着的每一天，都是你余生之中最年轻的一天**。

将年轻和年老看作阴和阳互补共生之道，而不是只肯定一方忽略另一方。你可以在这两种境界之间随意出入，将之看作值得努力获得的品质。你修炼自己去唤醒内心残余的青春精神，不放弃生活，去欣赏你这个年龄的美。你内心的女性长者精神和年轻精神将会使你成为一个美丽的人。年长女性不必处处完美，但会处处洋溢着得体的动人风采。

正在迈入老龄的单身男人和单身女人有时会感觉孤独，缺乏爱，总是向朋友寻求很多帮助。需要记住的是，就如同年轻和年老、阴和阳互相共存一样，依赖和独立也需要互相共存。事实上，你只有懂得如何去依赖，才会真正独立。你需要懂得如何依赖他人，而不失去自己的独立能力。依赖是种艺术，无须为此感到羞愧。你也许会发现，展现自己的脆弱比占支配地位需要更多的性格力量。

老年男女的主要担心之一就是成为孩子或他人的负担。但是，在避免成为负担的时候，他们反而制造了更多负担。面对现实也许会更好。你可以找到有效的方式保持你的独立精神，但很快你这种能力会下降。

意识到自己是个长者，而非老而无用，也许使你无心理压力地主动向他人求助。这样的话，你接受帮助，但同时保持了自己的尊严和价值。你也许在很多方面需要依赖他人，但你仍然是个值得尊敬的长者，让人觉得认识你很高兴。

如何成为一个长者

我以前认为"长者"这个词有些奇怪。我从未想过成为一位长者，而且我对这个概念也不是很了解。但很多我认识的人提起长者时，都带着庄重的敬意。最近，一位朋友对我说，老去最关键的一点就是成为一位长者。

反思之下，我感觉到，要想对变老有着正面感受，并在这个过程中发挥余热，成为一个长者是极好的方法。如此一来，老迈就意味着年长是种荣耀，身兼领导并教导他人的职责。下面我列出一些有助于你成为长者的方法。

1. 从容面对自己的年龄。长者首先是年长之人。长者的年龄是相对的，因人而异。有些人在天命之年就是长者，有些人在古稀之年、杖朝之年成为长者。我父亲在 90 岁高龄的时候才是长者，而我的朋友乔尔·埃尔克斯医生则是在百岁。无论你现在是什么年龄，接受它，坦然谈起它，心态平和地看待它。

很多人不愿意公开年龄，提起自己的年龄忸怩作态，闪烁其词，或总是用遁词使自己的年龄听起来不是那么刺耳。一位长者，无论是男性还是女性，首先对自己的年龄没有不舒服之感。如果你企图掩盖年龄，这说明你不真实也不成熟。到了一定年龄，却假装比实际年龄小，是种神经质。这说明，你脑中存在着某种不可告人之处。你展现自己的方式不诚实不爽快。这种情况下，你很难胜任长者的角色。

也许你是因为想和年轻的朋友保持亲密关系，所以才隐瞒自己的年龄。也许你对青春恋恋不舍，不愿失去它。你也许过着虚假的生活，无法面对自然衰老的过程。弄清原因，可以帮助你反思自己为何否认年龄。

2. 对自己的学识和经验足够自信，认为自己到了一定水平，足以指引并教育他人。如今，通过写书或拥有一帮追捧者，很多人自诩为指点迷津的知识达人或专家，而其实并没有做足功课，也不具备担任这一席位的能力。在这里，我不是指虚假的能力感。因为从另一方面来说，有些人没有认识到自己经年累积起来的知识，以及他们所具有的能够帮助年轻人的能力。这和没有学识和经验却认为自己有能力去领导大不相同。

托马斯·麦克利维从来没有郑重其事地对我说："我想要授你以渔。"他只是很自然地就肩负起长者的职责，自信满满而且乐在其中。一个人不会自视过高或过分谦虚，才能做到这一点。

通常情况下，多年历练才能具备这种诚实的长者能力。成为一位长者的实习期始于年轻时代，而且终生没有止境。长者这一角色就如同人格之花的绽放，也代表着人生任务的圆满结束。麦克利维就是这样对我说的，他以为他活跃的盛年已过，然而一个未来的学生——我出现了，最终我获得了他的私家指导。

3. 长者要爱护年轻人。一些老年人对年轻人感到妒忌，当年轻人在场时，他们就会感到生气。他们抱怨、评判，并且批评年轻人，这表明他们无法成熟地应对老年。他们需要发泄情绪，疏导他们和年龄所做的斗争，以及他们对年轻人的愤怒。

4. 长者用自己的知识和智慧帮助他人，尤其是年轻人。我前面讲过我父亲在晚年做的义务演讲，他希望向中学生传授市政供水系统的知识。他站在这些孩子面前，展示自己所掌握的供水管道和水处理技术知识，与此同时，他作为一位长者，也在讲述自己的人生，并身体力行鼓励年轻孩子成为有用之人。

这种教导对年轻人的帮助是巨大的：包括直接学习，即理解水处理知识；以及间接学习，即看见一个老年人如何在一生的工作中发现乐趣。一位睿智的长者将会兼顾这两种教导途径。你可以教大家技能，但作为老年人，你还需要教导他们人生道理，并能够鼓舞他们。

我父亲在做这些事的过程中遇见的问题之一，是学校老师和管理人员的态度。他联系了很多的学校和教会团体，但被拒绝了很多次，因为管理人员说没有闲余教室。他们也许认为他是一个古怪的老头，想为自己谋求什么。但父亲一辈子就喜欢给年轻人传递知识。他喜欢孩子、年轻人，一有机会就会自发帮助他们。他是个有思想的人，相信年轻人可以从老年人身上学到很多东西，这是他的人生哲学理念。从他身上，我首次学到了什么是真正的长者，虽然他从来没有使用过这个词。

5. 培养激励他人梦想的能力。当你给予他人激励的时候，你就是在向他人输送这种气息：辛勤工作的原因，积极主动创造有意义人生的原因。你带着自己良好的"气息"，并将它送给别人，这就好像一个人在给他人做人工呼吸一样，当然，这只是个比喻。

激励有着魔术般的力量，不但是因为它的神奇效果，也因为它发生效果的方式。通常你不会理性地激励某个人，但是你会用鼓舞人的词汇或手势，如果你正是这么做的话，就会在对方心里燃起激情之火。你可以是缪斯或精神领袖。人们看见了你的年龄所代表的智慧，会在困难时朝你看去，在有了新感想时也朝你看去。当一个学生将我称为这一领域的长者时，我感到有些吃惊。我时常忘记自己的年龄。但从那之后，我开始有意承担这一角色。有时候，人们会以非正式的方式定义我们的作用和任务。

长者的人格阴影面

每件事都有阴影面，包括长者这一角色。荣格的"阿尼姆斯"[②] 理念可以帮助我们理解作为一位长者的阴影面。我用詹姆斯·希尔曼的方法去解读荣格，如此一来，在我的描述里，阿尼姆斯作为我们天性的一部分，和灵魂相辅相成。但灵魂关注的是爱、影像、诗意，以及冥想，而阿尼姆斯比较理性、直观，代表我们内心或行为上的反省力量。

荣格对力量较弱、未发育成熟的阿尼姆斯非常感兴趣，这种阿尼姆斯通常出现在充满见解，却没有多少真知灼见的人身上。如果一个人身上有着这样的阿尼姆斯，此人也许具有这些特征：妒忌、错误的思维模式、极差的逻辑性、没有自己的判断、伪装成思想者或专家而脑子里却没有真才实学。希尔曼提出了更多的解释，在他看来，发育不足的阿尼姆斯也许会破坏或干扰某些有益灵魂的活动："这种阿尼姆斯的声音驱使我们远离灵魂，因为它将有益灵魂的经历转化为抽象概念，从这种经

---

② 阿尼姆斯是荣格提出的重要原型，是指女性心目中的男性形象。他具有正反两面性。反面的阿尼姆斯在神话传说中扮演强盗和凶手，甚至还会以死神的面目出现；正面则代表事业心、勇气、真挚，从最高形式上讲，还有精神的深邃。

历中刻意提取意义，将这种经历变成手段，并教条化，成为基本原则，或用有益灵魂的活动去证明些什么。"

以这些空洞、自大、肤浅、自私的方式，一位老年人承担了长者的角色，但这种行为不高贵也不会起什么作用。你也许认识这种人，他们倚老卖老，做空洞的判断和评判，或试图去领导别人，却没有真正的领导能力。有时，有些老年人认为，他们活得年岁长，具备他人没有的智慧。他们没有意识到，变得真正成熟是一辈子的事，这个过程慢慢将一个有思想并且很耐心的人，打造成一个真正的领袖和智慧的源泉，有着真正的阿尼姆斯品质。没有真正成熟的话，光是年纪大，也许只是空有一副老人的躯壳，却没有充实人生所赋予的实质内容。

在公共场所，有时你会见到新闻界将一位上了年纪的人称为长者，但事实却很清楚，这个人并没有做过那些长者该做的事情。你所听见的无非是些肤浅的见解以及自私自利的评判。

如果你发现人们将你视为长者，但你实际上是徒有虚名，你私下意识到自己不是人们所寻找的真正长者，如果是这样的话，你就要承认自己的不足之处，努力将这个徒有虚名的长者进化为更有作用的智慧老人，努力将自己变得更渊博，能够做出合理公正的评判，提供好的建议。

当然，前面提到的"阴影面"意味着，你不可能事事做到尽善尽美。那么，就事先敲个警钟，当你进入长者这一角色以后，你也许会变得武断自大。你也许会非常挑剔，夸大了自己的作用。而你所能做的，就是将这些阴影的边边角角视为长者身份的不足之处，但同时试着将它们的影响最小化，承担起作为智慧的源泉这一具有挑战性的任务，如今的社会最稀缺的就是这个。

作为长者的喜悦

作为一位长者不仅仅是给予他人指导和智慧，这一角色也让老年人感受到生活的意义。这也许是一个丰裕而有思想的人生最后的篇章，它是一个人对世界最后的贡献，人们将带着特殊的权威和奉献来完成。

如果老年人有意识地承担长者的角色，这是有益处的。从我的经历来看，在某一时刻，人们将开始视你为长者，希望你也许能带给他们帮助。这暗示着你可以转型了，你脱颖而出了。如今，你需要挺身而出，在你所在的社区担任一个新岗位。对你来说，这是人生旅程的另一个仪式，你的人生从此进入一个新台阶，在这儿你可以拥有新的愉悦，感觉到新的职责。

你也许会换种穿衣方式，说话时带着更多的权威，坦然承认自己的年龄和阅历，你不再会因为精力不济或不感兴趣而拒绝一些做领导的机会。我想待在家里，这一生都在旅行和写作中度过，我希望颐养天年，但如今我被荣升为长者，那么我还有很多工作需要去做。

老年人需要熟悉时间带来的机会以及要求。**变老和时间有**

关，这不是指钟表指针旋转下的分分秒秒，而是你度过时间的方式。你可以对自己说："我年龄越来越大了，是时候去考虑我应该如何利用我的时间，将生活变得更有意义了。"

对有些人来说，成为一位长者是个重大决定，因为这个角色的影响也许有着很广的公共覆盖率。除此之外，我们作为长者的意义都体现在细微之处，比如，给孙子孙女们、邻居们提提建议，随时奉献自己的阅历和经验。老年人有意识地决定在合适的领域承担起长者角色，无疑对社会是有益的。最终，他们将会悟到长者之道，发挥自己的余热，并会渐渐喜欢这个角色，做出切实的贡献。

第十一章
精神遗产：留给后世的礼物

老年人应该去探险

关键不是去哪里

而是坚定地继续走下去

强化你的生命

——T.S. 艾略特《四个四重奏》

和很多人一样，我和妻子喜欢将家里收拾得井井有条，营造出艺术家和作家的生活氛围。但家里并非整齐得没有一丝凌乱之处，以 10 分为满分的话，我家大约可以打 7.5 分。尽管我们并不是物质主义者，但我们的灵魂依然是感性的，所以什么都不舍得扔，什么都想留着。之所以这样，是因为我对后辈怀着深深的牵挂。

我知道我应该轻轻地来，轻轻地走，做个环保人士，但是

我总会想到我的孙辈、曾孙辈。虽然我现在还没有孙儿孙女，
但我已经爱他们、想着他们了，我希望他们拥有我所有的书，
哪怕到他们那个时代，我已经被遗忘，或注定不再被提起。于
是，我保留着书籍、文件、纪念品、花瓶、佛像以及值得纪念
的小玩意儿，但为何还要留下废旧的插线板和写不出字的笔？
我不知道。

有灵性的生活还包括和这些人之间的关系：已经不在人世
的和尚未来到人世的。优雅老去的另一层面，就是在遥远的过
去以及遥远的将来，都能看见你的影子，你存在于现在之外的
"时间的迷雾中"。

对子孙后代的牵挂，让我可以坦然面对生命之短暂。我知
道死亡只是生命的结束，但我将以另外一种形式存在，而且我
和亲人的关系也不会终结。死亡拓宽了我存在的时间跨度。我
为将来的亲人做出具体的准备，感受到他们的存在，就如同我
继续和那些走在我前面的人保持联系一样。

拓展你的时间感

我一直不喜欢如今流行的一句话："活在当下。"以我的经
验来看，活在当下并非上上之策，而且得不偿失。我宁愿活在
过去或将来。

荣格就是一个很好的典范，他做任何事都是为了让人生更
有意义，为未来着想。在苏黎世湖畔，他建了一座石头钟楼作

为静居之处，特意不安装电线和自来水。他想通过脱离现代时间概念来强化自己的时间感。在日记里，他写下了自己宝贵的经验之谈，说想依水而居，因为水是原始物质、生命之源，并且居住在结构类似于母体子宫的建筑中。"在波林根钟塔里，我就好像同时存在于几个世纪之中。这个钟塔将会在我死后依然存在，它的位置和风格都指向过去，诉说从前，几乎看不见现代的踪影。"

这是荣格对现在的非难。我理解他渴望拓宽存在的时间框架，不过，我更喜欢将此朝着未来推进。我喜欢和后来人有联系，我为以后住在我房子里的人准备了一份礼物。在曾经住过的房间里，我埋了个时间容器，里面放着一句话，以及一些照片。也许下个房主很快就会发现它们，也许几个世纪之后，它们才会被发现，如果真有那么一天的话。

为未来而活，留下各种礼物，想象自己在未来之中。这种想象有助你从容面对老去的过程，并且发现这是个真正的奇遇。

父亲快80岁的时候，给我写了一封信，交代了身后事，也写下了对人生的反思，以及写信时的心情。这封信无比珍贵，我将会留给我的子孙后代。这是父亲的一贯方式，心里总是装着别人，我和孩子们都被这封信深深触动。

稍微说下写遗嘱：如今电子邮件和短信如同电话一样飞速传递信息，但信件却更有效果。你可以静静地坐着，手写一封信，或在电脑上写完后打印出来。写的时候，带着某种风格或礼节，交代一些重要的事情。不要以为，你的孩子或朋友明白你要说的是什么。用质量很好的纸，写下你想要说的话，以及特别的交代。签上花体签名，仔细放好。如果喜欢，可以以蜡封口。你也可以现在就交给收信人，让他先保管起来，迟些时间再打开。这些是你的思想，送给未来的礼物。

以上就是你和将来有联系的简单方法：留下一个时间容器，写遗书以备将来。传授任何你掌握的技能或你认为有价值的东西。传播智慧的种子，让你的个人特色被大家看见并被赞赏。

留下和接受一份精神遗产

遗产有两种：一种是为后代留下有价值的东西，另一种是收到并珍惜留给你的东西。当人们对我说，我应该活在当下，我却认为，我更愿活在 15 世纪。那是个非常具有创造力的时代，在世界任何一个地方都是如此，我仰慕那个特殊年代留下来的作品：那个时期的艺术、思想，甚至服装风格。我常常去欧洲是因为喜欢那里的古老，所以到爱尔兰和英格兰时，我更喜欢参观 15 世纪的城堡和教堂。

我个人觉得，对传承的珍惜，使我更清楚想为将来遗留些什么。将时间延伸出去，延至我看不到的将来，使我积极地面对衰老。我不迷恋现在，与这个年轻冲动的时代脱节的感觉让我觉得很好。我珍惜自己的独特，这其中包括将自己置身于这个时代之外，如鱼得水般活在另外一个世界、另外一个时代。

　　作为作家和教师，我发现，我的老派作风和思想对年轻人很有吸引力，如果我能更自信一些，并且以令人兴奋的方式展现我的思想的话，效果也许更好。如果我成为某种令人好奇的老古董，也无妨。这其实还可以帮我做好准备，为年轻人留下些什么，留下一份有着独特风格的遗赠。

　　一份遗赠可以是重要而且具体的，比如一栋房子，或一个兴隆的公司，也可以是悠远含蓄不为人知，为他人所做的小小爱心举动。画家和雕塑家安妮·特鲁伊特描述了访问母校布林莫尔学院的感受，她沉浸在回廊里的静默中："那儿，一眼望去，雨后的草坪青翠欲滴，院子中间的圆形喷泉喷洒着水花，我看见一个学生，背靠着花岗岩墙面，在写着什么，聚精会神。为了不惊扰她，我从另外远点儿的门出去了，离开她就好像将自己留在了某处，在静默亘古中，和她联系在一起。"

　　那位专注的学生使特鲁伊特回想起自己的学生时代，她给那位学生留下了私人空间，这份细心是给予她的一份赠礼，当然也是给自己的赠礼。她在学生身上看见了当年的自己，于是她选择不惊扰学生。

　　在这件小事里，这位成熟女性和那位学生共同拥有一个身份，都是在此认真学习过的学生。她具备艺术家那种纤细的敏感，能够在他人身上看见自己，这种触动，令她心生爱惜之意。毋庸置疑，安妮·特鲁伊特是一位真正的艺术家。

精神承传

几百年以前，作家和艺术家习惯于向影响自己的历史人物致敬，人们称此为精神传承。

比如，15 世纪的作家也许会列一份名单，写下那些影响了他的思想和人生的重要人物。这份名单里可以有柏拉图、圣·奥古斯丁，或阿拉伯学者以及近代师尊。我自己的精神传承名单始于欧里庇得斯，然后就是柏拉图和奥维德、托马斯·莫尔、艾米莉·狄金森，还有音乐家巴赫和格伦·古尔德，再下来是荣格和希尔曼。这份名单还可以继续下去，至少还有几十个名字。

我将这些人的作品放在一个特殊的书架上，以表敬意。荣格的书在我每天写作之处的肩膀之上，希尔曼的在最上层，非常有意义但很少用到的书籍放在了地下室。

我的私人书房里放着一尊托马斯·莫尔的雕像，还有艾米莉·狄金森的老照片、她的家乡阿姆赫斯特的照片，以及有关格伦·古尔德的图画书。我对这些前辈充满敬意，怎样尊重都不过分。我觉得这样做让我对未来有准备。我为未来的读者写作的时候，内心充满感情和关心，希望尽可能多地将自己的人生观传递给他们。我不认为这是一种自恋情结，而是很好的老去方式，老有所为，给后人留下更多。每个人都可以这样做。只需要心怀未来。

在心理治疗中，人们经常说起童年时前辈和父母带给他们的伤害，但是我特意询问他们的父母和祖父母，想知道他们对自己的后代所起到的好作用、好影响，或能够找出三四点也是好的。有些心理学家认为，我们不应该总将现在生活里的问题怪罪到原生家庭身上。我赞同，但认为也不应该完全忽视，至少好的一面需要被记住。我的方式就是，鼓励来访者讲一讲家庭对他们所起的正面以及负面影响。

痛苦有时更多是因为他们生活在狭隘中，而非因为某个明显的问题。他们的大脑麻木，无法透气。我经常帮助他们拓宽人生观，和他们交流祖父母和先辈的事情、从小长大的地方、帮助他人的方式。开阔他们的世界观就能够起到减轻症状的作用。

如果你认真思考我所说的话，你将会理解，我是在建议大家注意先辈们为我们所做的好事，珍惜他们留下的宝贵财富。珍惜他们的价值，这也有助于我们看见自己所能够产生的价值。

举一个简单的例子。最近，一位刚迈入古稀之年的女士在第一次咨询时，跟我讲述了进入老年后的抑郁情绪：她感觉时光如白驹过隙，忽然就发现自己成了个老妇女，很遗憾很多事一直想做却没做。她觉得自己没有掌控人生，而将这个权利拱手让给他人，大部分人都建议她踏实干活，多多挣钱。

听到她说时不我待，我脱口而出："请说说你的父亲。"

"你知道吗，"她说，"我接受过很多次心理治疗，已经无数次讨论了我的父母，实在不想再多说一句了。"

我明白她为何如此反应，这是一种抵触。于是我继续说：

"我知道之前有咨询师已经仔细谈论过你的童年和父母，但这种谈话通常是为了理解来访者本人的心理。而我希望知道的是，你父亲是个怎样的人。我仅仅是想知道一些他的故事。"

于是，她说起了她的父亲，我鼓励她说得详细些。我并不想将她的问题归因于她的父亲或母亲，我想从头去看她的人生，然后再将此与她的渴望和愿望联系到一起。作为治疗的开端，我想延伸她的自我感。我认为延伸时间本身就具有治疗作用，这样她的灵魂也会参与进来。这一点我是从荣格那儿学来的，他历经种种困难，花费巨资，建了一座钟楼来承载他完整的心理。我们是在故事中建立一个延伸的心理空间，这样做的最终目的，就是为了增加对灵魂的了解。

人们讲述父母、祖父母，以及亲戚们的故事时，大多会将这些人描绘得更完整。而当你试着去解释自己为何现在如此不开心，你也许会将此归罪于父母的负面影响。然而，如果讲述那些对你来说很重要的人的故事，你也许会觉得轻松些，更能理解他们的不易。

我不想给大家造成这种印象，即所有的故事都有同样的意义，没有坏故事。通常，在一个家庭里，某些故事被反复讲述多遍，会使你觉得一切都是别人的错。但如果不说说别人的好处的话，也许就忽视了他们的价值。责备父亲不够细心很容易，而责备母亲为你所有情感问题的根源也很普遍，但也需要看见他们好的一面。但总的来说，家庭情况总是很复杂的。

我认为，作为一位心理治疗师，我的责任就是从故事中找到蛛丝马迹。我仔细倾听，并鼓励他们将故事讲得越详细越好，这样才能从多种角度看清问题。通常，当故事不落俗套，不存在指责和控诉时，人们才会真正顿悟，从而改变脑海里对过往人生的印象。

一位好的心理治疗师不会接受千篇一律的故事。他会追问更多细节，通常会得出一个修正了的故事版本。这是客观看问题的表现，也是优雅老去的标志。

向祖先致以敬意并非易事。我们可以感觉到他们的问题给自己带来的影响，但不要忘了自己也并不强大，有缺点，也会犯错误。如果我们可以看见他们留下的好影响，也许能更好面对未来。我们需要一个坚实的心理基石，这样才能面对变幻莫测的未来。

每个人都有一份精神遗产

为什么需要考虑给后代留下些什么？最直接的原因就是，你希望人生有价值。你希望展示出过往的艰辛不易，以及你所做出的突破性努力。你还希望能有所贡献。你的遗产不是为了维护自己的形象，而是表现你的胸襟和慷慨、和世界以及他人相连的渴望。

我想起了母亲，她是个家庭主妇，她没有留下什么惊人的物质遗产，但她极其有爱心，极具奉献精神。我能看见她对我女儿的影响，女儿非常感激祖母对她的支持和关心。当我思考我的工作方向时，尤其是对心理和灵性的关注，或我对前来做心理治疗的人全身心投入时，我意识到母亲对我的影响，这是来自她的精神财富。提起她时我总是带着赞美之情，我将她的照片和信件珍藏起来，以此向她留给我的人生礼物致敬。

在夏天避暑的那栋房屋旁边，她种了株沙龙玫瑰，很多年了，每当搬家，我就会以她的名义种一株沙龙玫瑰。最近我们也种了一株，妻子问我种白色还是其他颜色的，毫无疑问，我知道母亲喜欢白色的。如今，每天清晨，当我看见屋旁那棵幼小的沙龙玫瑰，我就会想起我的个人精神传承，来自我的母亲的传承。

遗产关乎后代

希望给后代留下一份遗产是很自然的，也值得赞赏。但是，你不需要为了留下什么刻意去做点什么。充实地生活，接受人生的考验和机遇，自然就会给后人留下宝贵的财富。一个优秀的老师就是这样的，他的学识已经到了一定境界，值得人们向他学习，无疑他给后代留下了一笔可贵的财富。如果这一生你过得丰富，为他人着想，无形中你也会留下一份丰厚的遗产。

但是，为后代着想是值得的。我们这代人应该给后代留下一个资源枯竭、疾病蔓延的地球吗？我们应该给孩子留下一个内忧外患的环境吗？当然不应该。我们每个人都可以做出一份贡献，创造一个和平世界，我们在各个方面的创新将会造福后代，他们也会珍惜来自前人的一切。

人老了，会扪心自问，我这辈子过得有价值吗？我会被遗忘吗？你可以冷静地说，我们不应该关心身后事、身后名。我们应该让一切过去，消失在人生的尘埃中。但是，很多人担心自己的一生没有价值。我不认为这是一个无聊或冲动的忧虑。我建议对这个问题进行认真思考，然后为后代做些什么。

打高尔夫球时，人们会在某个球洞或发球区看见一个长条凳，凳子上面镶有一块小小的铜饰板，上面刻着某人的简单生平，这是为了纪念某位生前常来打高尔夫球的人，一般都是此人的朋友、伴侣或家庭成员所立。但是这也是送给前来打高尔夫球的人的礼物，他们可以在板凳上坐下来，稍微休息一会儿。这种简单的仪式表明，被人记住和留下遗产之间的关系。我希望，百年后我也能给后来的人留下类似的遗产。

这个简单的例子让我们看见遗产之中包含的细致用心，这份遗产显示出一个人体贴入微地考虑到了身后那些需要帮助或照顾的人。这就是前人栽树，后人乘凉。

诗人马娅·安杰卢曾写道："我听说人们将会忘记你说过的话，忘记你所做的事，但永远不会忘记你带给他们的感觉。"因此，遗产和特别的用心有关。这不是因为留下遗产者的想法之妙，而主要是他对素未谋面之人有着动人的情谊。这是一种特殊的爱护，如果有一种方式能使老年成为美好的经历，那就是找到新方式去表达爱。

赠予未来的简单礼物，表达了你的心灵对未曾谋面之人的迎接。这是一种灵性活动，出自希望、善意和对未来的考虑。这种方式将你与世界的关系带入将来，使你成为一个高尚的人。它也有助于你应对老去，将注意力从现在转向未来，很有意义。你作为长者的角色也因此包含着对后人的拥抱。

在某些情况下，某个纪念日的设立，标志着某种残忍暴行的结束，比如使用暴力进行社会改革。从正面角度去看的话，这种纪念日就是提醒我们以开明、充满人性的方式去处理各种矛盾，值得后人深思和铭记。

后人都是陌生人，将会在这神秘繁华的世界取代我们，我们可以对他们敞开心灵吗？我能舍弃自己的成就或财产，忘记自我，对他人无私吗？从这一点来看的话，想留一份遗产表明你在成熟，你眼里不再只有自己，还装着他人。

慈善或赠予也可以是你对生活的远大愿景。你希望人生幸福，家人和朋友平安健康，祖国繁荣昌盛。但是你可曾想过星系和宇宙？你希望对建设世界做出一份贡献吗？

在这个远大愿景里，你所能留下来的也许微不足道，聚沙成塔、汇溪成海，每个人的小小贡献最终成就了某种了不起的事业。我们微小的人生和远大憧憬相遇时，就彰显出一种对立存在：只有立足于广阔的天地间，我们的人生才会有意义。

因此，为了给后代留下有价值的东西，我们需要认真对

待生活——这也是本书的目的之一。我们需要对这份愿景做出奉献，这样就能主宰自己的命运，不会觉得被浩瀚无垠的世界吞噬。我们必须成为一个大写的人，才能在渺小中生出存在的意义。

人们常说他们在寻找人生意义，而人生意义在于你如何先过好当下。为愿景而活，培养我们悲天悯人的情怀，敢于挑战生活而非被其打倒——这些就是人生意义的源泉。如果你希望后人能在你栽的树下乘凉，你所能做的就是将眼下的生活过得有意义并心怀他人。

造福后人是优雅老去的方法

老去的苦楚之一就是感觉人生苦短。但是如果可以给他人留下些什么，你就会感觉没有白来世上一遭。很多人意识到造福后人的重要性，他们也许会捐赠财产用于对森林的保护，建立一个激励人心的纪念碑，或为学校的建设添砖加瓦。在我所在的新英格兰乡下地区，人们有时会捐钱建起一个公园、沙滩或池塘，以便大家享用。

1993 年，伊丽莎白·马歇尔·托马斯出版了畅销书《狗的秘密生活》，她用此书所获收益，在新罕布什尔州的彼得伯勒买下了美丽的坎宁安池塘，赠予当地人民。她规定，那里要有两个沙滩，一个是人们的休闲娱乐区，一个是狗狗的洞天福地。我和家人常去那儿，很喜欢看见狗狗们在那儿玩得兴高采烈，那是它们的沙滩。在那儿，有时会听人们说起伊丽莎白的故事。

时时为后来人思虑，会增加你人生的广度和宽度。这种情感超越了对时间的依恋，超越了根植于人生意义的焦虑。你非常注重自己的感受，是因为你在意自己的价值。但是，一旦你意识到，关心他人就是完善自己，你就可以在为他人做出的贡献中，获得内心宁静。正所谓，赠人玫瑰，手有余香。

年龄越大，人们就越关注自身价值。人生如朝露。做什么才会让人生有意义？你从前是否足够珍惜岁月？世人将以何种方式记住你？

我们都不喜欢总是考虑自己的人，他们在自恋和大我之间做不出区分。当然，很多人都有对自己的看法，但这种看法通常有失偏颇。同时也有很多人，具有完整的自我，他们以宏观角度看待人生，高瞻远瞩，愿意为他人牺牲小我。

如果从来没有想过给这世界或他人带来什么，也许到老会后悔，这是老年最苦楚的事情。你也许会后悔，有那么多想做却没做的事。但后悔是毫无意义的，不会让灵魂本身受到触动。后悔本身就像自责，会让你感觉非常糟糕，但却不会让你真正下决心改变或忏悔。

但是，当后悔升级，就会成为悔恨。悔恨会让灵魂得以触动，然后下决心做出改变。悔恨不是一时出现的情绪，而是一种醒悟，会影响你对自己的看法和你在生活里做出的选择。悔恨会促使你认真过好每一天，将人生与个人以外的大世界相连，并尽量从现在开始做出贡献。从此再无后悔。

如果你内心充满了后悔，你的身后将留不下任何东西，因为后悔会阻挡人生的自然进程。你整天想着那些让你后悔的事，就会陷在没有意义的情绪中动弹不了。当后悔主宰了你的生活或感觉时，你无法优雅老去，但会在后悔中变得衰老。

如果你发现自己充满后悔的情绪，就应该试着将此转化成悔恨。你需要更直接地面对后悔之事，并付出行动。悔恨意味着心灵被一点一点地啃噬。悔恨扎进心里，就无法忽视它的存在。它会促使你为此做些什么。

有次在签名售书活动上，我遇见一位女士，她向我讲述了自己后悔的事。还是个少女的时候，她进入天主教女修道院，成为一名修女。很多年她一直谨守清规戒律，过着极为严格的生活，最终她离开了女修道院。但那段经历给她留下了极大的阴影。她后悔进入修道院，在最美的青春时光过着禁欲生活。年龄越大，她越后悔。这种感觉挥之不去，让她痛苦不堪。

我想，如果她可以仔细审视自身的性格缺点，或导致她做出成为修女这一决定的轻率任性，以及背后那些不能从痛苦的后悔中解脱出来的原因，她的后悔也许可以变成悔改。她不能接受她的命运或改变了她人生的决定。她无法过那种生活，却让后悔挡住自己的视线。也许她不认可自身的性欲望。也许她发现可怜自己更容易，而完全改变生活并对生活采取更积极主动的态度，却很难。我们没有机会去进行长谈，这些只是简述。

赎回人生

感到自己能留给这世界、家人或后代有价值的东西，会给老年生活带来一些慰藉。它让你觉得自己死后依然会存在。你会觉得生活值得过下去，因为自己还有点用处。

你能留下的也许还包括疏忽和罪恶，任何你造成的痛苦，或过去你做的坏事。这并非小事，因为仅仅说对不起还不够。你做下了恶事，还需要做些什么来赎回。因此，留下有价值的东西可以修复你人生的亏欠。

每当某本书的销路没我想象的那么好时，我就会想起我所能留下的东西。我会再次受到鼓舞，为未来的读者而写，希望有一天，有人会领悟到我的良苦用心。有这些未来的读者在我的脑海中，当今时代变幻莫测的观点和品位就动摇不了我的写作方向。

具体说来，我知道这个时代看重的是量化研究，以及问题的科学性解决方法。在这种情况下，我对灵魂、宗教，以及神话传统的强调也许很不合时宜，甚至和这个时代不相关。所以，我将希望寄予未来的读者，也许在那时，我们现在这种物质主义以及机械主义至上的潮流也许会改变，人们也许会更重视人文学科和精神性。我已经在心里和后人建立起了感情，希望我对他们说的话，成为我留给他们的精神财富。

随着我对后人的爱在增加，我更感觉到人生轮回，而我就是其中一员，而且我也不太在意余生之短暂。我的衰老，就是送给自然循环以及更好未来的礼物。这种心怀后人的尝试显示出内心深处的灵性。人们常常谈起灵性，就好像这只不过就是学习冥想和清净的生活方式。其实，灵性更有挑战性的一面是将你现在的生活和后人联系在一起。留下一份遗产，这可能会是你最有意义的精神成就之一。

最后，在你老的时候，你能留给他人遗产是种快乐，这带给你充实感、价值感。遗产是打造人生作品的过程的结束，这个过程包括以下阶段：

1. 学习，培养才能和技能。
2. 寻找能发挥你的一技之长的工作。
3. 处理好职业生涯中的结束和转折点。
4. 以自己的方式获得成功。
5. 进入老年时带着为他人服务的意识和心态。
6. 造福后代。

这个规划只是个框架，但是它展示了创新人生从开始到结束的流程。这不仅仅是一份示意图，因为当你在生活中从一个阶段进入另外一个阶段时，你也许会感觉各种影响的动态和互动，带来的不是一份结束，而是圆满感，非常适合人生流程的节奏。生命的弧度是完整的圆形，它的自然终点就是一个人所能带给世界或他人的遗产。

即使将工作定义为人生意义这一观点正在成为非主流，但如果你享有一个更轻松的生活方式，你依然可以留下些什么。当工作至上的行为准则变得宽松时，我们也许希望自己具有创新精神，甚至对自己即将留给孩子们的世界更加关心。

遗产更多的是一种想象时间的方式，和你打造人生作品的努力有关。有些人在社会文化和历史中占据一席之地，他们留给后人的遗产卓越非凡，但我们大多数人则过着平凡的生活，只能想象对未来起到的一点点影响。遗产，只是对某些人来说意义非凡，但对大多数人来说并没有什么影响。

有些人的智慧和创新作品带给我深远的影响，每当我公开地向他们致以敬意时，我都会喜悦万分。这些人包括：托马斯·纽金特、格雷戈里·奥布莱恩、雷内·多索涅、伊丽莎白·福斯特、托马斯·麦克利维和詹姆斯·希尔曼。他们都是我个人成长路上的精神传承。当然，这个名单还可以更长。你也可以写下对你的心灵产生影响的那些人的名字，并向他们留下来的精神财富致敬。

当我们将优雅老去当成一件工作去做的时候，我们需要集体和合作。这从来不是一个单独完成的任务。我们为老年做好准备，同时也帮助周围的人有意义地度过老年。我们的共同体包括未来的后代们，做到这一点所需要的无非就是，认真在想象中去感觉你和后人之间千丝万缕的联系。

第十二章

晚年的孤独失落是找到自我的机会

我不相信衰老这一说法。我相信永远朝着太阳不断改变自己。因此，我乐观向上。

——摘自弗吉尼亚·伍尔芙的日记，1932 年 10 月

在 30 余年的职业生涯中，我一直遵循着詹姆斯·希尔曼的一个简单理念，也是心理治疗的一个主要原则："辨证论治。"生活中，我们总是努力克服困难解决问题，这就如同变戏法一般，眼看山重水复疑无路，却见柳暗花明又一村，将我们从情绪的藩篱中释放出来。从另一方面来说，这种魔术般的戏法和我们通常所理解的有所不同。平时，一遇见什么烦心事，我们就会问："我怎样才能摆脱掉这些？"希望一觉醒来，烦恼全无。但心理治疗师的魔术不一样，我们问的是："我如何能深入地理解这种现象，获得领悟，超脱出来？"

希尔曼常常引用华莱士·史蒂文斯的一句诗来对此加以说明："找到穿越世界的方式难于寻找登天之道。"你能否面对一个困境，比如孤独或寂寞，不去回避它，而是理解它，体会反省，然后彻悟解脱？

让我来解释一下深入探查或"辨证论治"对孤独以及寂寞这些症状的作用原理。

如果为了避免孤独，你强迫自己参加各种社交活动，这只是在压制孤独感。压制就是一种逃避，用热闹来远离孤独。但正如弗洛伊德所说：被压制的早晚会反戈一击。你越想摆脱，它越会气势汹汹地卷土重来。曲终人散之后必将是更深的孤独。

逃避孤独就是逃避自己，逃避你的灵魂状态。最好的办法就是接受它的存在，给予它关注。你不需要向孤独投降，或陷入孤独之中不能自拔。我经常对人说，我的书不是劝解人们"随心所欲"，而是去"关怀灵魂"。也就是说，在孤独之中照顾自己，而不是去摆脱孤独感。

与此同时，你需要对孤独进行"望闻问切"，因为这会让你辨清孤独的原因，从而对症下药。这个真知灼见我重申过无数次，它来自于我的好朋友、出色的心理学家帕里特夏·贝里。如果你感觉孤独，不要过多借助社交活动来摆脱它，你应该去寻找适合你、让你觉得舒服的独处之道。

你的孤独也许是在告诉你，你需要多跟自己相处，或至少有一些适当的独处时间。孤独将我们带至需要反省之处，而这是忙忙碌碌时所忽视的。孤独也许是一剂良药，可以治疗空虚无意义的忙碌症。

老年时的独居生活带来的孤独感

当然，有些孤独是环境造成的。也许你以前社交生活丰富多彩，老了后，忽然孩子亲人都不在身边，也许伴侣也走了，有的朋友去世，有的搬到外地去了，你发现自己周围都是老年人，很难在其中找到能谈得来的人。

这种因为孤单生活而产生的孤独感如何面对？

母亲去世时，父亲 91 岁，然后他一个人生活了几年，但尚能自理生活。他过得很充实，做自己喜欢做的事，和很多人都有联系，甚至还挣了一些小钱。邻居们也喜欢他，经常帮他购买日常生活用品以及吃的东西。虽然独自一人，但他并无孤独之感。

后来他的身体状况变差，住院的次数越来越频繁，继续住在家里而无人照顾已不大可能。哥哥在家附近找了家养老院，然后父亲就搬了进去。每次我去看他，都会注意到他眼里的悲伤。他是个很随和的人，很容易和人打成一片。在新的环境中，他依然交朋友，参加活动，但他还是非常想念从前独立自主的生活，而且他对邮票也不怎么感兴趣了。让他能打起精神的一件事，就是对孙子的关心，因为孙子曾出了一场严重意外，仍然还未康复。

　　我发现，父亲的孤独不是因为身边没有亲人，而是因为失去了自己的生活和世界。他面对生活的不幸时，总是很从容、很克制。他生长于一个大家庭，家里有了大事一般都是他出面，比如安排葬礼、处理遗嘱以及遗嘱认证手续，而且当糟糕的事发生时他也是大家的主心骨。他从来没有抱怨过自己在养老院的处境，也知道不可能再独立自主。但是在养老院里的生活和在家里是不一样的。

　　他似乎失去了对邮票的热爱，但还没有失去对生活的热爱。百岁大寿时他笑得很开心，和前来庆祝的人说了很多话。但是生日会一结束，他就回到了自己的房间。那天，我用轮椅将他推回了房间，看见了他和以往一样的风趣和孤独。

孤独和独自一人

　　孤独和独自一人是两回事：在人群中也会觉得孤独，但也许独处时并不觉得孤独。如果我们遵守"辨证论治"这一首要法则，也许能够通过独处治愈孤独感。孤独带来的痛苦，也许是在提醒我们，我们到底需要的是什么，该往哪个方向走。那么"辨证论治"的作用原理是什么？这些又怎样去理解？

　　能够觉察到自己的生活状况，并有清晰强烈的自我感，是非常重要的。但是如果身边总是围绕着一群人的话，获得这种认知就比较困难，因为你需要不停地应付外部世界。注意力在他人身上。你听不见自己内心的声音，也体察不到自己的内心。这种情况下产生的孤独感，是因为你没有自己的生活。

老年充满了各种过渡和变故，你怀念从前的生活，这是因为从前一直有联系而且懂你的人变得越来越少。这似乎说明，你觉察到的情绪就一定是孤独。但这种孤独是因为孤单，是因为失去了熟悉的世界和环境、熟悉的地方和人，以及熟悉的生活方式和经历。

离开修道院后，我很孤独。我租了个公寓，就在芝加哥近北区附近，一个我完全陌生的环境。从学校回来时，走在街上，我会注意到人们在灯火通明的房间里吃晚餐。我觉察到某种心灵上的剧痛，我以为这是因为我独自一人的原因，但事实上我那时很喜欢独自一人的生活。我怀念从前在修道院的朋友，怀念从前的生活方式，但离开修道院后我不知道我那时的人生方向。我所感觉到的那种"孤独"，是种孤单失落，失去了熟悉的世界，以及熟悉的一切带来的踏实感。

我那时候还没有确定的人生方向，没有自己的世界，那种孤单失落是种打击。我从灯火通明的窗户里看见吃着晚餐的那些人，是在享受他们熟悉的世界。我那时候认识很多人，但并没有自己的世界，不知道我是谁。孤独其实并非独自一人，它说明了更多的问题，比如你的存在感以及自我感。

但是，也可以反过来看。也许，过去那些对你来说很有意义的生活环境、熟悉的地方、天天见面的家人和朋友，在你心里占据着特别重要的位置，现在也许是时候改变一下了。沉浸在过去，就不会对当下和未来投入太多感情和关注。这样的话，因为孤单而感觉到的孤独也许会阻碍你接受现在和未来。

我的朋友利兹·托马斯曾对我说过，她以前住在和丈夫生活了多年的房子里。那里充满了过去生活的痕迹和记忆。如今，她希望开始一个新生活，有个新家，那是一个没有过去的地方，但充满了一切新的可能性。她身边的人认为她希望生活在充满回忆的熟悉地方，但她不想活在过去。对过去的追忆会让人孤独，无法更好地生活，而孤独也许是在告诉你，你需要开始一种新生活来化解这份孤独。

老年时，人会经历各种挑战，不但要灵活面对，还要坚强。在这个过程中，我们失而复得，得而复失。我一直在这本书里反复强调这个理念：**和灵魂一起老去不是眼睁睁地看着时光流逝，而是接受每一次具体的人生邀请，并做出改变。**逐渐的，这些改变就形成了一种人生模式，在这种人生模式里，你是生活的参与者，而非旁观者。或者，就如同梭罗在《瓦尔登湖》中所说："我隐居山林，是因为我想仔细、慢慢地体会生活，希望过一种简朴的生活，然后看看我是否能从中学到些什么，如果不能的话，那么临终之际，我一定会发现，我不曾活过。"如果生活让你变得成熟，这是因为你拥抱生活，接受生活对你进行的炼金术，这个稳定渐进的过程会带来灵魂的质变。

我再次请求你，当你听见"老化"这个词，不要再将它视为时光的流逝，而要将其看作像红酒和奶酪随着时间发生变化中的那种质变式的"老化"。它们越来越古老，也越来越好，因为岁月，它们有了特殊的浓郁味道和醇厚芳香。同样，人类也应该如此，经历改变了我们，我们变得越来越接近潜在的自己，也因此越来越丰富。但是要想获得这种效果，你需要随着经历的不同而做出改变，转变你的视角，成为一个更警醒更复杂的人。比如，你需要在孤独中走过，并将孤独变成与生俱来的天性。

人们总是意识不到自己的无知，也意识不到什么是真正重要的事。我们不知道，在生活中哪些是真正需要思考和分析的事。在浑浑噩噩中，我们其实是在任由外部世界对我们施加影响，而不去反省内心的各种心理活动。

能够对日常生活的点点滴滴进行认真透彻的反省，是种成功。你也许希望，随着年龄的增加，你会越变越好，因为经历教会了你很多。能够对心理活动进行透彻的反省，需要一定程度的独处，因为反省是在安静中独自进行的活动。

我们可以将孤独视为自处的能力，并能觉察到自己的思想活动。表面上看来，你似乎什么也没有做，其实，你大脑中思绪万千，回忆纷呈。你需要忍受这种带着心理活动的独处。这会使你变得成熟，性格更完善。

适合反省的条件

反省不一定非在绝对安静的环境中进行，很多活动也可以引发反省，比如认真而又愉悦的对话、放松的阅读、看电视、网上浏览分析世界事件以及文化发展动向的文章。反省和娱乐是两码事，但有时这两者也会类似，比如观赏一部好电影，也许会促使人内观内查。我发现阅读别人的自传或回忆录，可以让人反省自己的人生方向。

对一般人来说，在反省的初级阶段应该进行一些阅读，或聆听他人对某些事件的分析理解。无论是倾听还是阅读，你需要用自己的方式去做出思考。也许你对自己听到的并不完全信服，但是你可以做些对自己有用的思考。

反省的第二阶段是对话。找到一个值得信赖而且有思想见地的人进行交流。交流的气氛和情绪尽量是愉悦的。同样，你也无须接受对方所说的任何观点，但是在交流过程中，你会厘清自己的思路，并会有新发现。

反省的第三阶段是发现适合的方式去表达自己。这可以是各种写作，比如日记、散文、诗歌、小说，你也可以将自己的想法制作成视频或录音，当然你可以不让他人知道这些内容。当你写或说的时候，你就是在厘清思绪。如果你想找一个榜样，可以读读著名作家，比如艾米莉·狄金森或弗吉尼亚·伍尔芙的信件。她们对写信的风格都非常认真。对她们来说，写信是反省的好方式。

有三年多的时间，我坚持每天清晨推出一条推特，每条不超过144个字，发给我大约5000多的粉丝。在每天的开始，借此对各种事情进行反省。这样做不费什么劲儿，而且很有收获。

让我再强调一次：反省很重要。谨记苏格拉底在第一次受审判时说的话："未经审视的人生没有意义。"或者更贴近希腊语的说法："未经考验的生活不是为人类而设。"我们需要受些刺激，才会去思考自己身上发生了些什么。也许这就是生活的目的，失败和挫折都是为了让我们反省，就如济慈所说："这痛苦而烦恼的世界是多么必要，它传授了智慧，也是灵魂的居所。"难道这是痛苦本身所产生的结果？不，这是对痛苦进行反省后带来的结果。

在本书中，我强调了一个很简单的理念：如果你是真正的生活参与者，接受生活对你发出的邀请，即使忽然祸从天降，遭受了打击，你也会化险为夷的。生活给你上了一课，让你改变了很多。你的潜能会被激发出来。你人格和性格都愈加完善。你在成长，成熟了。你成了一个完整的人。

伯特·巴卡拉克的成熟之路

伯特·巴卡拉克是世界闻名的作曲家，他的很多歌曲都高居榜单长盛不衰，填词作家哈尔·戴维是他的合作伙伴。2012年，他在白宫被授予美国国会图书馆格什温音乐奖。此外，他还曾荣获 3 次奥斯卡奖、6 次格莱美奖。

他很成功，但并非一帆风顺。他说，他早期只关注音乐，很少把时间花在家人朋友身上。显然，他经历了些事，改变了很多。谈起他的前妻安吉·狄金森、现在的妻子詹妮、儿子克里斯托弗和奥立弗以及女儿罗利时，话语中充满着感情和爱意。他悲伤地讲述了女儿尼基的故事。尼基患有阿斯伯格综合征，当时这种病鲜为人知，最终尼基选择了自杀。

这个男人，作为一个音乐奇才，生活带给他巨大的成功，也带给他痛苦和失去。他的声音里充满着悲喜交加的感情，他的不加掩饰让我很感动。他有很好的理由去感到孤独，而且我在他的话语中也听出了这一点。但他并不是一个孤独的人，他内心无比充实。孤独不是他的标签。你立刻就可以感觉到他那孤独的一部分，但孤独并不是他的全部。

孤独带给我们一个很重要的启示：它是生活的一部分，它值得尊敬，也可以让他人知道；但它不是生活的主宰。你不必成为一个孤独的老人。你是一个老人，有时会觉得孤单，但这和一个孤独的老人之间区别很大。

应对很多心理问题的好方法就是接受它们，并允许它们成为你生活的一部分，压制于事无补。我觉得，伯特·巴卡拉克的谈话显示出他情感的成熟，而这就是成熟的老人最好的一面。他的感受很多，有渴望和痛苦，也有希望和乐观。而这背后是对创造力和音乐成就的深深满足感。

86岁的伯特具有反省这一品质，而他的另外一种态度使这一品质更加出彩：他不让年龄限定他的创造力。他依然举办音乐会、谱曲，锻炼身体更是日常生活的一部分。

伯特的故事告诉我们，年轻时你的生活里也许只有一件事值得你的关注，以至于你忽略了家人和朋友，这个错误使你悔恨。但是如果你真正成熟了，这种悔恨不会给你的希望和幸福造成阻碍。事实上，悔恨的痛苦只会使幸福更加珍贵、更有意义，而且因为悔恨而产生的渴望也加深了幸福感。幸福是个值得追求的人生目标，但它需要被深化，需要其他的感情来使它更令人回味，这些感情就包括痛苦。

伯特在86岁时令人称奇的创造力，表明了参与生活是治疗孤独的另外一种方法。我们也许会退出生活的舞台，或许是因为老龄时的惯例，或者我们不愿意他人看见我们的衰老，或者是因为我们的能力不如从前。选择回避生活的原因有很多，但这些原因大多出于恐惧。你不想你的软弱、虚弱、脆弱被看见。如果你内心坚强，孤独很可能不会成为你的生活问题。

化解孤独的方法

我还是个孩子的时候，就喜欢独处。也许修道院的生活对我来说是个理想的所在，在那里我单独有一间屋子，只有我能进来，有着不被人打扰的时间和空间。但我生活的大部分时间里还有一个伴侣。如今我已经结婚25年了，我仍然有着对独处的需求。否则，我就会觉得孤独。我不知道这种情况是否有个与此相对应的词。

让我觉得惊讶的是，作为一个独处爱好者，当我的妻子和孩子不在家的时候，我会觉得寂寞。在他们没离开之前，我对独处的时光充满期待，并打算好好享受几天清静日子，但随后，孤单感就光临了。我对这种感触很珍惜，因为这让我觉得自己是个有血有肉的正常人。我也会孤单。我并非无所不能。这也提醒我，不要过高估计自己所希望获得的独处之好处。有一天，我也许会发现这种情况下的孤独是如此深重。

如果我们认为，孤独并不是身边没有人，没人和你说话，这又该怎么办？如果你的孤独是为自己，这该怎么办？你曾经的模样，生活里曾经出现过的人，你曾经做过的事，你对那个你从前总是想逃避的工作生涯的怀念，你为这所有的一切感到孤独。孤独是一种情绪，它和成为一个独一无二的人密切相关，使你最终意识到，你孤单一人存在，尽管，你和他人共享一个地球、城市和家。

关系可以分散你对孤单这一存在的注意力。但如果你因为孤单而展开一段关系，那么这段关系除了是一种自恋行为的操控，利用他人来解决自身存在孤单问题的行为，还会是什么？这听起来也许奇怪，我不认为孤独是因为身边没有人陪伴，也不认为开展新关系就会让孤单消失。

在《出版者周刊》中的一篇探讨关于孤独的书籍专栏里，奥利维亚·莱恩指出："这些书展示了一种不可思议的现象，即在对孤独进行剖析的时候，它们也为孤独提供了解药。孤独本质上是种深沉的、孤立的隔离体会。但是，如果一本小说或回忆录成功地绘制出了孤独的冰原，这本书就可以减轻孤岛隔离感，即与世隔绝所带来的尖锐痛苦。"

在她的书《孤独的城市》中，莱恩说：想象可以抵挡孤独之痛。想象可以看作老年人积极应对孤独的良方。他们需要的是想象，而不是关系，就如同一个人生活在人口密集的城市，但依然会感觉孤独一样，这个人需要的是其他的东西，而不是人类。

但是这又怎么可能？难道孤独之人不需要家庭、朋友和社会关心？想想孤独城市综合征：在熙熙攘攘的人群中所体会到的彻骨的孤单。孤独的人也许首先需要的是用一种不同的方式来想象孤独。其次，孤独的人需要和使他们活跃起来的人有连接感。一群孤独而又互相没有连接感的人在一起，未必会解决他们各自因为孤单而造成的孤独。最后一点，他们需要和自己的内心建立亲密关系，否则你和大家在一起时也会感觉孤独。

我想要进一步对此做出阐明，但首先来让我们这样想：孤独有时也许是和自己的疏离，或和灵魂的某些方面疏离有关。短篇小说家约翰·契弗有时会被认为是孤独的某种化身，但是当你听了他的故事，你就会明白，对自己是个同性恋这一身份的否认，造成了他的孤独。也就是说，如果不接受你天性的一部分，你就会孤独。这一点是有道理的。即使你生活里有很多人，也解决不了你的孤独感。

生活在人口密集城市里的人，如果能和这座城市建立亲密关系，也许会少些孤单感。亲密的关系不一定都是和人类产生，如果我们对家庭、街区，以及所有带给这座城市活力的那些事觉得亲切而且亲密，我们的孤单感也许会减少，因为这些事物和现象的存在，我们才感觉到自己活生生地存在。换种方式来说的话，这世界本身有一个灵魂，也就是"神性"，它赠予我们和这世界息息相关的纽带感，使我们的生存具有价值。如果和世界的灵魂即"神性"疏离的话，孤单感就会出现，也就是说，孤单感未必就是和他人关系的缺失造成的。

有些人觉得孤独，是因为他们不接受老去的自己。他们希望自己年轻些，甚至试图将自己当作另外一个年龄段的人。我在前面的章节说过，你可以给老年注入青春活力，但是否认自己的年龄就会造成自我的分裂，这就是深度孤独的缘由。纠正这种孤独比较困难，因为大部分人不懂得否认自己的年龄和孤独感之间有什么关系。

让我提醒你一下这种互相对立的矛盾现象的运作原理。如果你接受这个理念，即一个人不是一座坚固完整的大厦，而是有着多种不同层面甚至人格的一种概念——希尔曼将此称为"心理多神论"——那么你就可以在年老的同时保持年轻。你可以同时追求这两种精神。事实上，这样做可以避免在老年时对内心年轻精神的忽略。

应对老年孤独最好的方式，就是在很小的事上也保持热情活力。这就意味着，保持你的求知欲、好奇心，以开放心态接受新事物，热爱学习，关注他人，具有打破传统的思维和独立思考的精神。

内在人格部落

面对孤独最重要的一点，就是不要关闭自己的某一部分。对外面世界做出的反应，反映出你内在的各种自我。下面，就让我用自己来作为实验案例，对此加以说明。

当我问自己，哪一个自我是我内在人格部落的一部分，我发现这很难识别。但我不得不试试看。我记得那些总是反复出现的梦，在梦里，当有射击发生时，我慌不择路地要找个地方躲起来。在其中的一个梦里，警察过来抓走了一个发疯的女人，她一直在不停地射击。我很吃惊地发现，一个普普通通的警察居然可以制伏疯子。

这个梦促使我去思考在梦里自己的失控之处、歇斯底里的倾向，以及我对参与解决危机事件的抵触。在梦里我似乎很害怕枪。我想，枪是否代表着一个坚强阳刚的男子，而我不愿意接纳这种自我。我这一辈子都很仰慕说话温和安静的男性，作为一个僧侣的时候，我就是这样的人。而且，我有社交障碍，参加社群活动对我来说也很困难。我可以四处去做演讲，而且出版了受世界各地读者欢迎的一系列书籍，但却很难参与到公共事务中。我思忖，这是否就是我应该去接受的一个自我。如果我开始感觉孤独，我一定会朝着这个方向去努力实现这个自我。

你可以问问自己，就如同我一样，哪一个自我想要成为自己内在人格部落的成员，哪一个自我被你排斥或忽略了。你也许隐约知道那个自我是谁。有没有让你害怕的内在性格？你在逃避亲密关系、爱、创造力、愤怒，还是自主能力？也许有某种自我代表所有这些品质，这应该是你的一部分，你的内在人格部落的一部分。

当你变老的时候，你也许会注意到那些被你拒绝的机会。老年人喜欢回顾，叹息那些被放弃的机会。你现在也许明白，那些失去的机会是因为你拒绝拓展自我造成的。通常，你可以在老年时再去试试看，找到塑造那个被忽略的自我的方法，成为一个更丰满的人。老年并不意味着一个消失的我，而是意味着一种不断增加的、多元化的我是谁的感觉，或多样化的你可能会成为什么样的人的感觉。这是消除孤独的另外一个大补丸。

如果你孤独，不要沉浸其中，要从内到外变得更饱满、更多样性，用新的方式和世界互动，让你丰富的灵魂用多种方式在世界中表达自己，这个世界需要你的成熟复杂。

晚年优雅的精神性

Ageless Soul

第五部分

你证明了即使在晚年，你也是不知疲倦
的，尤其是当你为正确的事情疾言厉色时，
你似乎又变年轻了。

——库萨的尼古拉

第十三章

友谊和共同体

通常，我们会在几个朋友身上，看见自己的灵魂。

——马尔西利奥·费奇诺致阿曼多·多纳蒂

　　我妻子讲了在她父亲乔的葬礼上发生的故事。他生前的一位战友出席了乔的葬礼，葬礼结束后，战友去了墓地办公室，在乔的墓地旁边，为自己订了一块墓地。很显然，他们之间的友情无比深厚，他希望将这份友情永远继续下去。友谊是最深沉的感情之一，它发自心底，赋予人生意义。

　　这件事也使我意识到，老了的时候，友情有多重要。有时候，它会比亲属关系还要重要，而且，友情通常比亲情更稳固。它对老年人尤其重要，一方面是因为人到老会孤独，另一方面是因为身边如果没有关系亲密的人的话，很难应对衰老带来的挑战。

友谊和精神性

以下是我眼中友谊的美好之处：

1.你的个性不会因为友谊而受到影响。

2.友谊的基础是两个灵魂的开放度，而不是关系的远近。

3.友情的可贵之处在于它没有亲情和爱情那般强烈，因此也容易维系。

4.你可以选择朋友，但无法选择家人，友情易得，知己难寻。

5.相对于其他关系，友情要稳定得多。

6.友情亲密有间，这使互相包容而又不失去自己的个性成为可能。

7.朋友无须经常见面，因此不会有感情负担。

8.友情比较持久，尤其是人生早期形成的友情。

9.友情的开始和结束不涉及法律程序。

10.友情的付出既不让人窒息，也不谋求控制。

友情也有其局限和问题，但总的来说比其他关系要更自由简单。因此，它更适合老年人。当然，和任何人际关系一样，友谊的维系并不总是一帆风顺。每个人都需要懂得相处之道。毕竟，人本身复杂多变，每个人还有独特的个性。

友情可以促使一个人成熟老去，并成为一个完善的人。婚姻、为人父母和恋爱，也催人成熟，但其中所夹杂的情感往往更强烈而且会引发冲突，而友情则如涓涓细流慢慢使人成长。

美国历史上最伟大的友情之一，是苏珊·安东尼和伊丽莎白·斯坦顿之间长久而又富有成效的友谊。她们从1851年就开始了长达51年的伙伴关系，直至安东尼在1902年以86岁高龄逝世。安东尼是战略家、组织者，斯坦顿则负责写作，宣扬新思想。斯坦顿结了婚并生了7个孩子，而安东尼终身未婚。虽然两人性格大不相同，在很多基本理念上有分歧，但她们共同改变了美国妇女的命运。

斯坦顿想提高女性和非裔美国人的地位和生活，挑战已有的宗教理念。安东尼则担心这种做法会致使很多女性放弃为选举权而奋斗。斯坦顿更民主开放一些，而安东尼相对来说比较保守。但她们成功克服了彼此的不同之处，互相支持，在这50年的努力中，有效地改变了世界思想意识形态和价值观。在老年时，安东尼说，她很后悔没有邀请斯坦顿来一起住。

"自从我们认识以来，51年过去了，我们充实了彼此的生活，搅动整个世界去认识女性权利。"安东尼在1902年这样写道。通过"搅动整个世界"，她们彼此互相珍惜，友谊之火点燃了半个世纪。

离开任何一方，另一方都不会取得如此巨大的成就。友情是这项丰功伟绩的一部分，它使妇女拥有了选举权，促进了奴隶制的废除，促进了其他解放运动，想想这些成绩，我们就会被这两位女性之间的友情鼓舞。它看起来是私人情谊，却带来了深远的社会改革。

当她们老去的时候，友情更加炽热，或者说，随着友谊的加深，她们成长为精神领袖和导师。在这种情况下，友谊变得更为成熟醇厚。它助你成长，使你的关注点从自身转向全世界。

交友处世之道

即使再好的关系也会出现问题，所以每个人都需要具备一些处理关系的技巧。亲密关系是生活中重要的一部分，但并不易得。当我告诉大家我在写一本关于年老的作品，他们不约而同地希望我写一写为什么老年人那么难相处。

在探讨老年人的具体问题之前，先想一想为什么不同年龄的人在一起很难合得来。婚姻、家庭、职场——在所有群体组织中，我们都会发现理想和现实的错位。我们以为自己喜欢这些关系，却发现自己总是在这些关系中挣扎。以下是很难获得和谐关系的原因：

1. 人类不是受理性支配，而是受没有处理好的感情支配。我们将人类称为智人——一个有洞察力、智力，以及意识的物种。但是，事实上，我们并没有意识。我们并不知晓自己为何这样说或做。倘若能包容不理智的行为，我们会跟人相处得更好。

2. 我们是有着无尽深度的神秘生物，从来不会完全知道自己或明白自己的动机。你也许认为对方懂得你，但事实上，他和你一样对你并不完全知晓。而且，对方对自己的了解并不比你对他的了解更多。

3. 我们大部分的行为动机都来自过去，通常来自早期的童年经历。童年和生活的经历不会轻易消失，一旦产生，就会刻印在我们心里。人的一生，童年的经历和原生家庭，会持续影响我们的身份认同。问题是，我们不知道，它会在多大程度上影响我们成人后的生活。我们根本看不见，直到有人将它们指出来，我们才会有所察觉。

4. 很多过去的关系模式都是人生的原材料，会继续影响我们，而这些本身不会发生什么变化。接受过心理治疗的人有机会对过去的经历进行提炼加工，这也许有助于分拣过去，进而将你从过去的影响中解放出来。当然，心理治疗不一定是加工提炼过去的唯一方法，但其效果显著。

5. 人类生活不受理性控制，而是受"原魔"控制。"原魔"是指各种不知来自何处的、控制我们的冲动。它是一种原始生命力。我们做的事并非自主选择，说的话也不经由我们的大脑。很多哲学家和心理学家认为，原魔就是一种神秘而强大的冲动，推动我们产生爱、愤怒、创造表达，甚至暴力。荣格使用"情结"这一词来定义这些能量巨大的原魔冲动，是它们阻碍了我们理性处事，控制了我们的生活。

我们对人类心理状态的"真相"知道得很少，这直接影响了我们和他人的关系，使沟通和理解变得困难。当我们老去，不再像从前那样只为生计操心，不再为社会做出贡献，就会感觉到原魔的生命力量势不可当。这种冲动不但不会消失，反而会变得更加难以控制，而你也没有更多的能量去应对。累积的愤怒和渴望产生的冲动比以往更加强烈地影响我们。

这本书单独列出了一章来讲述愤怒的重要意义，但就现在这个话题而言，我想指出，要想维系友情和群体关系的话，你需要警惕通过消极攻击来"解决"某种境况的心理倾向。

你和人在交流，出现了一些误解。你不知道如何处理，于是你说："好吧，我看这里没我的地儿，我还是走吧。"这纯粹是一种消极攻击，意味着你试图发泄自己的失望和愤怒，但又不愿表现得太明显。你宣布要离去，这是对惹你不快的人的一种反攻。与当场向他们表达你的愤怒相反，你用离开来表达你的愤怒。无论是哪一种方式，你都是在用愤怒惩罚他人，但第二种方式掩饰了你的愤怒，别人很难做出回应。

发泄情绪也许能带给人暂时性的解脱，但无益于改变现有局面。这种消极攻击通常是感情不成熟的一种表现。你需要学会如何直接面对这种局面，表达你的愤怒，从而获得解决方法。也就是说，直截了当、简单明了能解决很多问题。

这种让人心生不满的消极攻击说明，老年人并不总是很"成熟"。他们没有学会如何表达自己，如何与朋友坦诚相待。

所以，问题不是老年人的愤怒，而是老年人不会成熟地表达愤怒。这不是年纪大的问题，而是年纪虽大，但并没有真正成熟的表象。

被人看见的重要性

嫉妒和羡慕是老年人之间的常见问题，这也可以理解。当一个人退休了，身体衰老，哪怕这衰老不是很明显，他的嫉妒之心也会慢慢加重。嫉妒和羡慕反映了一个人需要价值感的心理需求。看见别人获得褒奖或特殊待遇，会使自己觉得痛苦，因为这会立刻触动你内心深处想要与众不同的需求，以及被认作有价值之人的需求。

想要与众不同的心理需求听起来似乎很孩子气，因为孩子有同样的需求，虽然他们的情况和老年人一点也不一样。弗洛伊德将此称为"原始自恋心理"，也就是说在儿童期有着需要被认可的心理是很自然的。而到了后期，这就类似于情绪不稳定症：一个成年人不应该依然如此，去制造一种场面，试图获得他人认可以及优待。但因为老年人在社会上不再被人尊重，失去了被表扬和奖励的机会，他们会有一种"老年自恋情结"。人们通常意识不到，被看见、被珍惜，对每一个人来说有多么重要。以正面准确的言语去认可一位老人的价值是建立友好交往的基础，也是消除愤怒和反复无常情绪的更好方式。

老年人经常喜欢谈及过去，让人们知道自己过去是什么样的人，取得过什么成就。如果护理人懂得这种心理需求，并耐心听老人讲述他们的故事，这对老人是有好处的。如今，我发现我在做同样的事。我的写作生涯在一开始就顺利达到顶峰，等书籍问世的时候，如今的年轻人那时还是婴幼儿。我试着控制自己不要向人们讲述我的过去，但偶尔，我会提起从前有多少人会来参加我的公众活动。作为一位老年人，我体会到，被他人认出来是件多么好的事，但我也知道，夸耀过去是件多么让人讨厌的事。

认识到他人的成功是作为一个朋友应该有的品质。即使你觉得赞美没有必要，也应该去赞美对方。**如果人类的心理有一个共性的话，那就是人人都需要被认可，也会珍惜这份认可。当你被珍惜的时候，作为一个人，你会有更强大的内心。**

嫉妒和羡慕

嫉妒和羡慕是因为哪些地方出了问题。这些令人烦恼的情绪也许是在表明，你需要一个更强大的自我感。比如，当不再工作了的时候，如何像以前一样为自己感到自豪。你也许会如同我们刚才说过的那样，对别人讲述过去的辉煌。但过去的一切还不足以维持你的自豪感，而且家庭成员最终会对此感到厌倦，这反而会招来人们对你的可怜，而不是珍惜。

嫉妒是因为你喜欢或在意的人关注的是他人，而不是你。羡慕是因为他人拥有你也喜欢的东西。想一想这两个词的简单定义，你又感觉不合乎常理，因为别人运气好或拥有漂亮的东西，是无可厚非的；而且你也不想控制他人交友或选择亲密伴侣，除非你认为你也应该得到这个人的关注但却没有得到。这两种情绪里的痛苦，更多是和"我"有关，而非喜欢的对象。嫉妒是一种愤愤不平的情绪，认为自己值得拥有一切，如果没有得到的话，那就是被心怀不轨的人剥夺了。

自虐，就是在痛苦中体会到快感。如果自虐源于嫉妒，主要表现为试图发现被人背叛的证据，这种自虐说明，在我们内心，"自我"占据了重要地位。如果"辨证论治"，就可以看出，嫉妒、羡慕是因为我们需要获得爱、关注或渴望之物。自虐的人并不爱自己，而且不认为自己值得拥有这种亲密关系或某些东西，解决的方法就是使自己成为一个值得爱、值得有好运气的人。当爱和注意力来到你身边的时候，嫉妒羡慕之心也许会减弱或消失。

如何爱自己

让我们具体来谈谈，爱自己以及自己的生活到底是什么意思。

很多人在成长过程中，经历了各种各样的考验和批评。父母这样做，是因为他们希望孩子在复杂的世界里懂得如何不冒犯他人，所以他们试图去管束孩子的野性。对他们来说，用自己小时候被管教的方法来管教自己的孩子，是再自然不过的事了。父母无意识地，或想当然地，来限制孩子与生俱来的率性，却不去反省这样做的后果，肯定会导致种种问题。

我们大部分人的脑海中都带着这些警告、批评和约束的声音，而这些声音，就成为个人对自己的评判："你是个坏孩子。你不听话。"同样，老师在教导学生时，不是在指引学生，而是严厉地批评他们，完全意识不到这样做的后果。结果，我们大部分人都带着这些评判声音长大。爱自己并非易事，但在自己身上挑毛病找缺陷却很容易。

即使到了老年，你还是要面对这些批评的声音。你也许意识不到这些声音会在你脑海中待多久。它们像录音，不会慢慢消失，而是会永久伴随你，随时就会冒出来。这些声音使爱自己、改善自己的生活变为困难之事。

如果你对这些批评的声音进行反省，并从记忆中找到它们首次出现的场景，这些声音就会变弱。当你找出了大脑中这些模糊的评判声音出自谁，在什么背景下，它们的影响就会在一定程度上消失。当你找到内心深处这些责备和批评声音的源头，你就会和它们拉开一些距离，获得一些解脱。重复讲述你所发现的一切，所有的问题也许会消失。

在进行心理治疗时，来访者经常讲起这样的故事：谁曾经对自己大吼大叫，父母如何毫不留情地责备自己，但其实父母没有意识到他们在这样做，他们以为斥责孩子是为了孩子好。我们也许会花很多时间，探讨童年或青春期的经历。我们记录下了这些来访者如何和父母进行互动的模式，结果显示，他们基本上还是沿袭同样的内在心理模式。旧模式很固执，并且持久，而且使来访者觉得这些声音很自然，对此习以为常，以至于很难想象生活里没有这些声音会是怎样。

有些人无法爱自己，因为生活中重要的人总是对他们做出负面评判。为了帮助那个被评判的自我走出去，去爱自己，我所做的尝试就是不去理解或向他人解释自己。我深入观察自己内心对这个评判者的各种感情，找到自己的灵魂，去爱这个人的灵魂，理解它所有的复杂性。先去爱和接受这个人，先给自己的心灵松绑，然后才能爱自己。

有评判倾向的朋友或家庭成员也可以这样做。他能够在内心发现自己所具有的真挚的爱，并将这份爱真诚而不夸张地表达出来。你可以爱某个人的深度自我，即他的灵魂，即使你发现这个人的某些做法或行为招人讨厌，也不要评判，要理解人性的复杂性。对我来说，我喜欢去记住这一点，即一个人的灵魂深躺在表面行为之下，他是谁和他如何做是两码事。

有个性的多元化共同体

讲述"群落"时，人类学家有时会用拉丁语 communitas（共同体）。

首先，共同体不是一个由相同想法和目标的人组成的集体。真正的共同体是一群真正独一无二的人的会合。如果你不能表达所思所想，你就不是一个共同体的成员，而是一个有着统一声音的集体或乌合之众的其中一员。共同体的幸福不是来自从众心理，而是来自和有独立思想的人们在一起的简单愉悦感，这些人具有崇高的价值观，他们爱人类和自然，这是一个终极共同体。

著名的心理分析学家唐纳德·温尼科特说过，服从是快乐的敌人。这是对儿童而言，但是这一原则也适用于成年人。温尼科特的原话更深刻，他说："服从让个体感觉到行动的无效，而且它和这种思想意识联系在一起，即没有什么是重要的，人活着没什么意义。"

你以前也许没有想过，服从某人的要求、规则或期望，会抽干自己的生命力。那些照顾孩子或老年人的人尤其需要记住这一点。每当你要求他们听话或服从的时候，你就有可能剥夺他们的快乐，因为他们仅仅是想做自己。服从对一个"群落"来说是个无声的敌人，无声是因为我们通常意识不到它的破坏力。

共同体，在我的概念里，是这样一群人的会合：他们有多面性，多样化，思想独立自由而且善于表达，以平等开放的心态看待他人。在另一方面，共同体是超越了个体差异性的交融现象。渴望融入共同体是一个人的本能，这种渴望在社会群体中得以实现。你内心有某种群落意识，这使得你兼容他人的个体性，从而能够轻松和他人相处。作为一个个体，你深知被看作独一无二的人、有着自己的思想见解和品位有多么重要。

共同体具有对外开放的倾向性。它一只伸出去的手，随时去握住他人的手或拥抱他人。它深深知道，生活中展现自己的方式千姿百态，它不会为了安全保障而寻求服从和千篇一律。

老年人乐于和他人在一起，他们已经做出了从狭隘"自我"走向他人的行动，如今，会更满足于和他人在一起。但是，如果只是年纪大了，却没有真正成熟的话，他们会发现社交生活令人不舒服。因为他们的个性还被狭隘的"自我"包围着，个性的外壳还没有裂开缝隙，还做不到向更宽广的世界敞开心灵。

我曾经接待过一位 60 多岁的来访者，她叫埃莉诺。和很多来访者一样，她本人也是一位心理治疗师。第一次进行治疗时，几乎从她一进门那一刻，我就发现，她还未真正长大成熟。很多给他人提供心理治疗的人还未真正面对过生活，对此，我现在已经不觉得惊讶了。反正，她对我，或者我的治疗，极不信任。她似乎坚决反对改变，也不愿意诚实地面对自己。

埃莉诺每个星期都会来。不知道为什么，她总是无法打开思想的藩篱，去考虑新的观点。她和我的文化价值观有着极大的差异，但我总是认为这些文化差异是对自己的挑战，所以总是尽量不从自己的文化价值观角度去看待她。我尽自己最大的努力去和她沟通。我希望她一切都好，希望我们这样一直探讨下去，直到她真正放下所有的执念和焦虑。

我们的谈话进行了一个星期又一个星期，但我从来没感觉到包裹着她的保护膜在破裂。我一直在等着什么发生，当然，使用我所有的技能去帮她，让她表达出她的悲伤里到底包含着什么。一天，她告诉我，她即将去参加一个会议，规划政府部门的一个激进改革方案，这是我最后一次见到她。

这是一个孤独的人，交往过很多有问题的男性。其中的一个曾经威胁过她，而她仍然持续和他保持关系。"我没有很多选择。"她说。她渴望成为共同体的一员，但却无法对他人开放，也无法接受不同的声音。她想要的是告诉每个人应该如何生活。

我想强调的是，带着灵魂老去并不是自动发生的事。用约瑟夫·坎贝尔的话来说，一个人可以对冒险的呼唤说不，对生活中继续前行的机会说不。当然，根植于充满批评和压制的恐惧，通常是引发拒绝的理由。荣格曾指责过，我们通常不将历史考虑进去，但我们的身份来自于几代人。我们面对的是家庭里的人生原材料，而家庭有着其特殊的心理阻滞和心理情结，我们在与这些做着斗争。

比如，很多家庭如今仍然在试着面对反犹太人大屠杀这一惨绝人寰的悲剧，感觉它似乎就发生在昨天。这些家庭依然在为那无法想象的恐怖感到震惊，而那些恐怖情景曾经是祖父祖母们、叔叔婶婶们、表兄妹们的每日经历。但是历史会在后来的几辈人身上打下烙印。我的家庭对爱尔兰某个时期的历史持有强烈严谨的道德立场，我清楚地知道这对我的影响，而且这影响如今依然出没在我的心灵里。

这些历史事件引发恐惧，也带来勇气，但能够理解的是，后人如今发现，他们依然很难相信生活。某天下午，我去拜访乔尔·埃尔克斯医生和他的妻子萨莉。乔尔的家族在大屠杀中几乎被彻底毁灭，而这段历史带来的痛苦伴随着他的一生。他和妻子一起创建了一个反犹太人大屠杀图书馆，在那儿我们共同度过了一个下午。我觉得我们身处一个庙宇之中，一个神圣的场所，乔尔和我一起做了很长时间的冥想，我们感觉到了很多书中所描述的各种骇人经历，以及经历中所传递的神启般的殉道。

对于埃莉诺我不会做出任何评判。她也许需要更多时间来学会相信生活，这样她才能去爱人并被人爱，她的很多决定和行为反映出，她依然陷在过去带来的恐惧之中。我希望她有一天不再对自己的生活设置藩篱，能够真正活着。我希望，我的希望能带给她一些小小帮助。心理治疗不是一个要么工作、要么不工作的机械活动，它是对人们的生活所进行的神秘参与。它表面上看起来是针对来访者而做的活动，其实它是双方的，因为心理治疗师也用客户的原材料来提炼加工自己的原材料，所以，这是两个生命的互相交叉，然后各自继续向前。

在开阔的共同体中成为一个完整的人，优雅老去

当你越来越老的时候，你特有的自我感萌生了，你的心灵之门敞开，你的慈悲心苏醒，你具备感知能力，而你内心深处潜藏起来的某部分将会因此而浮现出来。在学习如何生活在共

同体之中的过程中，你将变成一个更清晰明确的人。你有机会依照自己的价值观去做事，使自己的个性展示出来。你得到的反馈信息告诉你，这些个性非常珍贵。你内在的潜能涌入世界，由一群人会合起来的共同体成为现实。

我们应该意识到共同体使人的个性得以实现的复杂原理，也应该认识到老年人对共同体的需求，况且这并不是一个悲惨可怜的需求。人老了以后，在各方面都和生机勃勃的年轻人不一样的时候，个性就会在他们的心里苏醒。年轻时候，我们在共同体中发现榜样的力量，找到自己的成人身份，这是种快乐。到了晚年，一个人在共同体中会发现更大的身份感，以及安慰，这是多年来耗费了巨大精力的成人生活的沉淀。在年轻时代，共同体打造了一个自我，但在暮年，共同体让自我回归，拥抱灵魂。

在漫长的职业生涯中，我发现，老人经常梦到人生中的某个时期，这就表明那段人生需要被反省，被加工提炼。我们反复讨论那时候的经历，分拣出各种问题，弄明白它们对现在的人生所造成的影响。然后，梦境也许就会突然转向过去的某一个点。依循梦境的自主运动轨迹，慢慢地，我们就在这个人生故事中有所发现。

在每一个案例中，我们都在应对一个不同的共同体，而且这个共同体所处时代的人们对我们的人生有着很大的影响。我们知道，内心所向往的共同体，决定了我们当下生活里的共同体。内部世界是外部世界的影像，反之亦然。我发现，那个有着影响作用的共同体既可能来自内部，也可能来自外部。

老年人也许需要讲述家族的故事和自己所在共同体的故事，这些构成了他自己的人生故事。这些故事形成了一个层次丰富的人生画面，这和我们经常认为的线性历史观不一样。讲述就是一种分拣方式，也是有必要的一步，尤其是在晚年时候，这是人生炼金术这一过程的一部分，是对过往事件以及各种人格的加工提炼过程。

翻看相册会促进这一过程。你看见不同时期的人们聚集在一起，当你在回忆的时候，你的大脑被激活。你看见有很多不同的共同体都是你自身经历的一部分，你会因此获得某种顿悟，意识到这些共同体是如何塑造了你。你在不同的共同体中，看见自己的人生历史。

在我的写作室墙面上，挂着纽约奥本老姑的照片。照片里，她身着优雅的拖地长裙，站在花丛中，看着前方。我每天看见这幅照片，就会想起小时候的家庭共同体，我在那里体会到了爱。

我们一生会经历很多共同体，就和大部分记忆一样，有关这些共同体的记忆不会消失，而是会叠加起来。它们总是在某一处，也许会不约而同地浮现出来，当什么事发生时，事情本身自然而然地就会将它们召唤出来，使你意识到它们的存在。凝视老姑的相片，祖父的面容就会浮现在我的脑海里。我意识到现在的生活和我小时候在祖父的共同体里的生活之间的联系。这让我发现了所有经历之后那个深层的原型心理背景。

在《奥德赛》中，Nekyia 这个词，意指访问冥界和魂灵对话，用来描述奥德修斯和先后从地府出现的魂灵坐在一起交流的场景。十年特洛伊战争结束后，奥德修斯踏上了漫长的回家之旅，在漂泊的旅途中，他访问了冥界。他和母亲的魂灵相遇，她告诉了他她是如何死的，这一幕感人至深。她说："思念你的聪明智慧，思念你的温柔体贴，从我身边带走了甜蜜的生活。"

女神瑟西告诉奥德修斯，想要结束艰难崎岖的回家之旅，需要有胆识去和死去的人会面，尤其是在冥界也有预言能力的盲人先知提瑞西斯。"他（提瑞西斯）将会告诉你回家的路怎么走，告诉你旅程中的各种磨难和危险，告诉你如何穿越鱼群出没的茫茫大海。"

这个引人入胜的神话故事里的场景告诉我们，我们如何能够和亡灵相会，并过着有灵性的生活。在这一点上，有关前人的记忆会对我们有所帮助，他们曾是各种共同体里的成员，如今依然深深地存在于我们的想象里。他们可以告诉我们人生旅程的各个阶段，如何找到我们一直渴望却难以找到的回家之感。

我每天几乎都会想起我的父亲母亲，以及已经过世的好朋友，想起他们从前的音容笑貌。这种反省也属于 Nekyia，和逝者近距离沟通，就如同奥德修斯所做的那样，踏上启程之路，迈进人生之旅的深处，因此也是走向成熟的一种震撼心灵的方式。

你可以将成熟老去看作回归家园，到达你心灵的归属地，在那儿，你的英雄之旅所创造的人生和一个真正的"自我"达到臻境。

我的朋友约翰·莫里亚蒂喜欢使用大量美丽动人的词语来描述某种现象，而这对大部分作家来说，只用一个字足以。在自传《回乡之旅》中，他说道："我们身不由己，终极辉煌这一必然性一直在节节逼近。我们身不由己，我们的回乡之旅迫在眉睫。"在讨论到达思想之外的另一种存在空间的篇幅里，他使用了这两句话。

大部分时间，我们都在试图总结过往经历的意义，用理性的语言，尤其是用今日的心理学语言，分析解释我们的问题。就像在阅读天书一样，我们无法领会其中的奥秘而获得一个清晰结论。对此，约翰提出，我们也许到达了大脑思维无法触及的某个点，无任何理性解释可以依循。这也许是个静止点，在光的前端，或思之极处，是我们的今世之无声的表达。和已故之人产生相连也许是获得那种神秘知识的好方法。

我们无须知道和已故之人相连的神秘工作原理，但很清楚的是，这是一条通往现世意义以外的永恒世界之路的途径，或至少是一种方式，它使我们把目光停留在现世以外的空间；矛盾的是，这种超越性反而让我们更像"人"。成熟的目的之一就是成为一个"人"，以自己的方式实现自身潜质。

依循传统，我们可以用自己的方式，和已故之人近距离地相连。我的方式就是在合适的场所，讲述已故亲朋好友的故事。我知道，讲述他们的故事是我对他们的致敬。对前人表示敬意和尊重，是一种最基本的人文情怀。

就在不久前，我举办了一场关于带着灵魂优雅老去的研讨会，我向在座的学员展示了先辈们的照片。有一张照片里，我的祖父在密歇根湖上划着小船，我和姑妈贝蒂坐在船上。然后我又向他们出示了1944年的一份剪报，上面显示，在我4岁的时候，为了将溺水的我救出来，祖父付出了生命。然后，我拿出了父母的结婚照、父亲年轻时的照片，最后一张是父亲的百岁大寿照片。

通常情况下，我不会在公共场所展示和已故亲人有关的东西，但这一次，我想让大家了解我是如何对他们表达我的敬意的：讲述他们的故事，展示他们的照片。这是个灵性行为，能够深化你的感知力，帮你成熟。它们是你的心灵导师和榜样。

我同时也尽自己最大努力，继续前人的工作，我是在用先人的智慧滋养我们的灵魂，这些智慧如今保存在书本以及回忆录里。

向前人致敬不一定要用凄凄惨惨的方法，也可以是个欢乐的行为，比如纪念某个人身上代表的高贵品质，这个人可以是认识的，也可以是书里读到过的。当我引用和我有着心灵之交的先辈们的话时，我是在请他们再次开口说话。我召唤出他们的灵魂，就如同奥德修斯在回家之旅的故事高潮所做的那样。

和前人相连给予我们更宽广的时空感，这时空拉近了我们在心理上和死亡的距离，在接近生命终点的时候，我们会多些从

容，知道在另外一个世界，有故人在那里。我们不喜欢讨论死
亡，但成熟老去是人生的一段乐章，是带着生命走向人生尽头。
这就是死亡。年轻时我们也许觉得人生就是出生然后走向死亡，
但很快，我们就会越来越强烈地意识到，人生也包括退场。

万物共存的共同体里包含人类和非人类，阳间生灵和冥界
魂灵，这种认识让我们知道生命的全貌是什么模样。**如果我们
拒绝接受有生就有死这一现实，我们就无法从容老去，也不会
真正成熟，这种无法面对死亡的心态是我们这个时代的大问
题，也是我们每个人的大问题。**

作为一个罗马天主教少年，我接受了有关"诸圣相通"的教
育，我将此解释为圣人共同体，这些圣人受到启迪，终身致力于
为所有人服务。在我的观点里，一个人也可以受到启迪，以很多
种方式去过这样的生活，比如，历史上很多非宗教人文导师的智
慧或佛教信条，都可以引导我们去过这种生活。这个共同体里充
满了至臻至善的人，包括那些前人。我认为祖父把他的生命给了
我，这个行为使他成为具有榜样力量的圣人之一。

如果我们能够过这样一种人生的话，当我们老去，在寻找
圆满的终极感觉时，它会帮我们成为一个共同体的一分子，在
这个共同体里，大爱是道。懂得了祖父的无私之后，我深受启
迪，并且希望在某个生命攸关的时刻，我也可以这样无私。**人
类生命有很多奥秘，其中之一就是，你无法独自成就自身的圆
满。要想成为最好的你，你需要先帮助他人成为最好的自己，
助人者自助。**

第十四章

天使是个老人

> 每个人都有同样的恐惧、担心和责任，
>
> 我们应该为遇见的每个人祈祷，
>
> 因为天使是个陌生人。
>
> ——苏格兰祝福

　　晚年时，你也许对身外之事关注得更少。你的内心活动会增多，常常静思，超然于物外。你不会再想着如何出人头地，做一番事业。你会慢慢投入精神生活，追问人生的意义和目的。当然，并非每个人都会如此。这建立在你已经对你的一生思考了很久，然后才会逐渐在老年的时候培养出强烈的精神性，拥有老者在灵性上的智慧。

　　疾病在老年时是常见现象，它促进你产生对生命之奥秘的好奇心，引发更深层的拷问。而且在这个时期，你的人生侧重点也会改变，你慢慢从一直在做的工作中退出来，这时，你会思考一些年轻时从未想过的深邃问题。你在老去，走向成熟，你长出了翅膀。你超脱了。你的思维和视野变得开阔，你变得更有精神性。

我们可以这样说，在晚年这段特殊时期，精神信仰通常和某一宗教传统相连，但如今，这些宗教日渐式微，如果复兴不会大规模出现的话，这些宗教也许将面临消失。所以，现在是老年人探索精神生活的时候，这会真正滋养心灵，带来希望和力量。

当今时代的老年人是精神性的寻找者和实验者，他们需要在晚年获得和精神生活有关的支持和资源。他们对精神生活满怀真诚，也愿意努力去获得，也许他们所采取的方法不一样，更个人化一些。

在《一个人的信仰》里，我写的一切都适合面临老年困境的人。不做一个宗教信徒，但成为精神性的寻找者和实验者也是很值得的。在大自然中、文学和艺术世界，通过冥想和瑜伽，或做贡献，甚至是在他人没有注意到的方方面面，你都会得到精神滋养。

写作时我经常引用的作家，如亨利·梭罗、艾米莉·狄金森，以及拉尔夫·爱默生都是精神信仰的探索者，那时候这些新英格兰作家正面对一个不同的世界，做出了他们自己对精神信仰的诠释。他们进行深邃的精神探索，并对自己的思考做出了绝妙的表达，为我们提供了除了宗教以外的培养精神生活的理念。与此同时，他们也珍惜传统宗教教义，从中汲取了很多养分。

让灵性精神自然出现

加西亚·马尔克斯的一个故事对晚年的精神层面做出了美丽的比喻。这个故事叫《巨翅老人》。这是一个幻想故事，故事里的老人长着巨大的翅膀，这对翅膀脏兮兮、臭烘烘，长满了寄生虫。这是个老迈的天使，没有人知道该怎么对待他。人们鄙视他。长期以来，他被人忽视、虐待，直到有一天，他挣扎着拍动起刚刚好起来的翅膀，飞走了。

这个故事描写得很细腻，而且有很多种解读。对我来说，这位老人象征着人们对衰老的错误理解和对待。这位神秘的外来者一半是人，一半是天使，能够飞起来，即使它处处都不完美。老人是天使，但人们不理解他，对他退避三舍。

我们一半是人，一半是天使。我们的苦楚多半来自于肉身会退化，会生病，会有情感问题，会被情绪支配，思维有着局限性。但是，我们的另外一部分渴望领悟，渴望超越自身的无知和人类局限性。尽管我们的肉身有着各种不尽如人意之处，但我们仍具备很多超能力。

我们创造了经久不衰的艺术和音乐，通过研究哲学和神学，我们的思想得以飞翔。这些说明，我们具备超越精神这一隐形的翅膀。当卡尔·萨根将巴赫的音乐送进太空[1]，他是在发送一种具有天使大脑的人类作品。每个人都有类似的翅膀，但它们会生病，变得支离破碎。老年时，也许我们忽略了自己的翅膀，或者认为它们变得虚弱了，浑身是病。但就如同上面讲的故事一样，我们需要等待它们康复，如此我们老了才可以飞翔。需要明白的是，即使肉身会老去，但身上的翅膀仍会复活，让我们得以飞翔、超越。

晚年时的精神性

精神性不是指逃避生活或逃避自己。晚年时的精神性源自生活的沉淀，是对我们从何而来，又曾做了些什么的反省。当我们回首往昔，看见因和果，满足和悔恨的情绪会一起出现。"我们是谁"这一人生作品已经完工，或即将完工。我们也许会有遗憾、希望，以及自豪。通常情况下，当我们思考自己的一生时，这些情绪都会交织而来。因此，讲述我们的故事，处理那些悬而未决的事情，比如僵持的关系、没有完成的计划，那原初的我，即你的灵魂做最后的润色是精神生活的基础。

---

[1] 1977 年，美国向太空发射了"旅行者"探测器，其中携带了一张堪称"地球档案"的唱片，包括 55 种人类语言向外星生命发出的问候、90 分钟的各国语音录音、一部"地球之声"，以及 118 幅表现地球与人类的照片。卡尔·萨根参与了整张唱片内容的选取与制作，其中就有巴赫的音乐收录其中。

人们经常认为精神性是对现实世界的回避，这样的话，精神性反而背离了初衷，变得不真实。灵魂和精神密切相关，知道这一点很重要，心理成长和人格的完整是灵魂工作，而灵性是思想的超越。二者相辅相成，相得益彰，缺一不可。

我所说的超越，并不是指去信仰上帝的存在或超自然世界，而是指为了成为我们希望的样子而所付出的努力，不放弃不退缩，向上攀登，成为一个更完善的自己。我们最初过的是狭隘的独身生活，找到爱和亲密关系后，自我得以拓展，成为各种共同体中的一员，从中我们也许培养了世界观，意识到宇宙是物质的也是精神的，意识到宇宙是最大的生命体、最大的群落。我们甚至在此基础上走得更远，想象各种各样的存在，虽然这些存在还没被发现或看见，或被证实。

你是否相信上帝或来世，这都不重要，重要的是，你可以想象有那么一种力量，存在于万物之中。你可以认为，此生之后还有来生。或者，你也可以认为没有证据表明轮回的存在。你的坦诚也许是超脱的一种表现。你拒绝用没有经过实证的信念来安慰自己，你坦然接受生命本质的现状。

在彼得伯勒热闹的早餐店，人们坐在一起边吃边交流，利兹·托马斯对我说："我不相信有来生，我死后将会变成宇宙中物质颗粒的一部分。"她说这些的时候，显得很高兴。但我当时在想："我才不那么绝对。我喜欢保留这份不可知。未知即无限可能，我想珍惜我的无知，对于死后会发生的事，我不想猜测。"但我也感觉到，尽管我们各有各的看法，可我们在尽最大努力对自己诚实也对他人诚实，也因此能够快乐地接受自己。

你的精神性就是继续在思想和情感上拓展自我所做出的努力。我们就像马尔克斯所写的那些人，否认天使的存在，因为我们不再懂得或欣赏精神世界。

当你老了以后，你可能放弃这个时代的物质主义信仰，试着去想想自己。你不必信仰任何东西，但是你可以对各种可能性持开放态度。这样你就可以存在于一个具有无穷意义的宇宙之中。你不应该受到现代各种科技发展的劝诱或影响，对什么是真实只有一个狭隘的观点。你可以解放你的想象力。

我有时认为，当代人的生活现状就如同圈地为牢。在这个牢里，每个人都认为科学解释一切，只有科学才能对什么是真实有话语权。如果我们可以用高端精密仪器看见一种存在，那么这就是真的。如果我们看不见某物，那么它就是不存在的。

精神生活要求我们首先从这个圈牢里走出来，将自己从狭隘局限的视野中解放出来。你可以依然谨慎聪明，也可以放开大脑去畅想各种可能，也许你有灵魂，也许你的灵魂是不会死的，它以某种你现在还不能理解的方式存在。

对我来说，精神性不是一件事或终极目标。它是你看待一切的方式，它是一个拓展你的思想、想象力，以及生活方式的过程，没有穷尽。你的伦理道德观、正义感总是因此而变得更加细腻敏感。你的付出和贡献总会因此增加。你的智慧和对事物的领悟也总会加深。

超越意味着走出你现在的局限性。随着想象力的放开，世界也会被打开。在所谓的现实世界之外，没有什么是不能被我们的想象力合理化的，所以，想象带给我们的领会和体会是无极限的。

老年的时候，如果不能超越对以前生活的认知，你就无法拓展自己。你就不是一个真正有精神性的人。你被困在了某一种信仰里，这导致了你的思维局限性。精神性是动态的，是和存在有关的，它所带来的意义不是一个理念而是一个过程。作为一个老年人，现在的你是从前的你的延伸，是未来的开始。精神性在这个意义上不是和信条有关，而是和你是谁，以及你该如何生活有关。如果你越来越觉得自己在成为人类地球之外的宇宙这个生命体的一部分，那么你的精神性就是鲜活的。这就意味着你在不停地变化和伸展。这是一个无限的过程，在这个过程中，自我得以进化。

理解这种精神性的另外一个障碍是无意识。我们随大流，追求每个人视为理所当然的目标，比如挣钱、工作上的成功、财产和物品、名利和保障，我们听信媒体广告，我们在做这些的时候并没有对自己进行思考，虽然我们认为自己做了各种斟酌，但这些斟酌也只不过是为了获得更多更稳定的物质保障。如果你真的思想坚定，也许会放弃生活里这些标准价值观。你也许需要和大家不一样，选择做出某些改变，对自己以及你的存在做些思考。

你能为社会进步而做出贡献，实现人类群落的崇高价值吗？或者说，你想保持安稳现状，服从当今时代的思想意识形态吗？生活是知行合一的，它是一个整体。你要么成为人类这个群落中的一员，为它的完善去做些什么，否则你就只是困在这个被各种媒体牵着鼻子走的世界里。

在晚年，当你以往的实用主义价值观坍塌后，你会面临精神危机。你没有多少时间去过一种完全有意义的生活，无法重新来过并修复过去的错误。但你可以拥有一个能量满满的超越视野。对于人生你可以拥有一个更宏观的看法，并对此深信不疑。你可以花更多时间去领会精神信仰传统，并身体力行。

晚年时的精神性养成

你无须制订一整套天衣无缝的精神信仰活动，然后按部就班地去获得精神教育。在伟大的艺术、诗歌以及宗教真经里都可以找到精神信仰传统，它们将带给你灵感。书店和网络上有很多这类书籍或作品，以及相关的注解，它们所提供的思想取之不尽，可以任你畅游其中。读读这些书籍，并用心研究它们，以此作为你的精神之旅的基石。

不要担心你是在东一榔头西一棒子地学些皮毛。别人的评价通常没有什么根据。各种精神信仰传统通常是不同的灯、相同的光。我不建议你去遵从每一种传统，能够开始你的精神教育就很好。这会使你的晚年生活具有无限的意义，而且也将会鼓舞你去付出相应行动，从而拓宽你的生活。

让我具体举些例子：

1.《道德经》。我建议你从这本精妙绝伦的中国文本开始你的精神教育。它倡导遵循自然，无为而治。它说："道法自然。"

2.《奥德赛》。这是一个值得崇敬的神圣故事，讲述了一个男人如何在回家的路上开始了自己的人生。这个故事的关键词是乡愁。这不是我们通常所说的上学离家在外或出远门的思乡，这是一种渴望，对心灵最终归属地的渴望。它充满了不可思议的奥秘现象，比如疾病和爱、和魂灵相见。这是一个灵魂之旅，在旅途的尽头，你发现了你是谁。

3.《禅者的初心》。铃木俊隆在1959年将佛学禅宗带到了北加利福尼亚州的湾区，然后在旧金山的禅修中心带领了大批美国弟子。这本书是他禅学演讲的主要汇编。此书主要阐述了一种禅学理念，即不受制于各种习性的羁绊，了知自己的真心本性并完全表达自己的天性，依循自己的真心本性来过精神生活。这是传统资源的一个重要组成部分，它影响了我的精神生活，我强烈推荐此书。

4.这几套灵性诗集一直滋养着我：《沉醉的天地万物：波斯苏菲派诗歌选集》、美国诗人简·赫斯菲尔德编辑出版的《女性赞颂神圣：43个世纪的女性灵魂派诗歌》，以及灵魂诗人艾米莉·狄金森和D.H.劳伦斯的很多诗篇。

5.几位拉比（犹太学者）的作品拓宽并丰富了我的精神性，随着阅历的增加，我越来越喜爱。亚伯拉罕·海舍尔的早期作品历久弥新，充满真知灼见；著名的拉比劳伦斯·库什纳的一些作品将犹太信仰讲解得熠熠生辉，直抵灵魂；拉比哈罗德·库什纳也是我精神信仰的长期导师和支持者，他的书探讨了很多复杂的问题，精辟绝伦，但是语言却很质朴简洁。

6.我第一次读到《黑麋鹿如是说》是在20世纪70年代，它的瑰丽光彩如今依然震撼着我的心灵。我手边经常放的一本书是美国精神分析学家诺曼·O.布朗的《爱的身体》，它会加深你理解精神象征和教义的整个方式。

7.荣格和詹姆斯·希尔曼的书也总是在我身边。我用他们的眼睛去看一切，因为他们的书没有把灵魂和精神分开来讲，而是将这两者视为密不可分。还有很多精神教育资源我没有提到，但这些就是一个良好的开端，足以让你在精神领域进行自我修习。

很多人老了以后，对自己说，读读以前一直想读却从未读过的书，他们读的书精彩有趣，但缺乏真正对人的灵魂或精神起到点化作用的书籍。我列举的这些是个很好的开始，这些作品讲的就是精神性。如果你对世界著名灵性文学不是很了解的话，那么在我看来，这些书籍就可以打好你的精神教育基础。你如何过好你的老年生活，基本全靠这些书了。

理解古籍文本尤其需要知晓其背景。发现一些好的评注和注解，会让你加深对原文的理解，然后边思考边阅读，反复读几遍。灵性书籍只阅读一遍是不能理解其真谛的。古籍文本里的古典词语也许是按照字面意思被生硬地翻译出来的，或被加以伦理道德色彩，但是你不必拘泥于此。老了的另外一个好处就是，你也许觉得更自由一些了，懂得糟粕和精华，可以打破规矩，取舍有度，以成熟的态度来走自己的路。这和年轻时的叛逆又不一样，年轻时还没有什么阅历，打破规矩是因为无知和冲动。

要寻找有见解的深度，而不是什么是对的或合理的。这样一来，当你面对生活的某个选择时，这本书就会出现在你的脑海里，指引你。比如，我将《道德经》里的几句话铭记于心："曲则全，枉则直，洼则盈。"这几句言简意赅的话，是我生活和工作的准则。"道"也就是人生变化、天下事理的普遍规律，它就像一条弯弯曲曲顺着河岸而行的河流。对我来说，如果天有不测风云，比如病倒了，我不会因此过于忐忑不安、急躁失衡，我听见内心中这几个字："枉则直"，弯曲则能伸直。我不会放弃，但也不会为了命运，不考虑客观情况，不顾一切去争。静观以待其变，我在退让中求全，我在退让中发现力量，这样才能长久。

在灵性文学、仪式、音乐，以及艺术和建筑中，充满着真善美，足够给你提供生生世世的指点，带你度过迷津，鼓舞你。然而，人们经常抵触精神信仰里所提倡的东西。他们带着现代目光审视这些思想，问："这些有科学根据吗？哪一个更具有事实说服力？有什么证据可以证明这些是真的？"

这些问题很荒谬。精神生活的滋养来自特殊的诗性美学。人生意义不能被压缩成微不足道的信息碎片，读完后，被触动了一下，转瞬即忘。它需要形象化的描述，来产生特殊意境和意象，这样你才能进行深度反省。充满灵性的想象画面引发思想和灵感，让我们在求索中参悟，这种求索伴随你的一生，每前行一步就会离朝圣之地更近一步。这就是为何对传统故事以及意象的思考领会不是一日之功，而这对老年生活尤其重要。你进行精神教育的时间越早越好。你希望在人生中已经达到一定的修为，可以产生深邃的看法和见解。而在晚年时你的学养更为深厚精进，达到了一种思想境界，厚积薄发，世界各地的精神理念都可以为你所用，帮你化解晚年生活的苦楚。你不要袖手旁观，问哪一个是正确或有用的。你首先需要的就是不要无端猜测，不要期望，不要武断也不要偏见，就是简简单单地去反省，去练习洞察事物本质的能力，方能最终闻一知十，一通百通。

让我再次重复一下：学习任何精神思想的时候，请不要带着执念，去问这是否是科学事实。灵性文学里的大部分内容极具诗意，都和人生息息相关。你需要深入思考、研习，才能悟到里面所蕴含的真谛，而不是内容的事实属性。看山只是山，看水只是水，这种表象主义往往是精神性还未成熟的表现，是种失败，因为你没有看见一个诗意主题的细腻深度。要知道，甚至从某些有价值的角度去看历史的话，也是一种诗歌。

优雅老去的最高境界意味着，你不再只看万事万物的单一表象。你领悟到，任何事都有很多角度，每个角度都会反射出不同的意义。过去的方方面面并没有过去，只不过以另外的形式出现在了现在。一件现在发生的事情的意义也许是矛盾的、具有讽刺意味的，或含蓄的。也就是说，它也许和你的过去种种有关。作为一个心理治疗师，我的工作就是帮助人们理解一件事情中所隐藏的很多现象。

在另外一方面，身处这个新科学主义以及人工智能时代，很多人认为，精神生活已经没有什么用处。新兴科学发展已经渗入生活的方方面面，和精神生活极不兼容。如此一来，21世纪的物质主义就成了一种对其他各种观点不开放的信条。这种信条的本质是种执念和专制，这样的话，人们就会过着像机器人一般呆板的、彻彻底底的世俗主义生活。

但这种新物质主义无法滋养人道主义的生活方式，因为它强调的是利己主义、自恋主义。在这种社会文化里，明星高高在上、熠熠生辉，受众人举目仰视。这种新物质主义束缚了人们的想象力，绑架了人们的生活，限制了人们的思维，窒息了人们的精神。我们需要长出翅膀——即使它们看起来不如那些天使们的翅膀那么光滑整洁——去获得精神世界的无极超越性。

晚年时的个人精神性练习

虽然很多精神传统为晚年精神生活提供了很好的基础，但你还需要做些功课。你可以用很多种方式来创造属于自己的丰富而有意义的灵修方法。

以下这些方法可以作为补充，无论你信仰宗教还是有自己的基本精神信仰，都可以尝试：

1. 沉思。你可以服从身体的状况。你的行动变得不利索，力量变得衰弱，你从各个方面看起来就像个老年人。你可以过着安静平和的生活，你可以有意识地让自己生活得像一个僧人，宁静而且沉思。让沉思成为你的首要生活哲学和方式。也许老了以后，我们面临的最大问题就是，我们可以做的越来越少，年老的身体限制了我们的活动。但这也是一个好处，这意味着我们有更多时间去思索。你遵从衰老这一自然规律，但精神层面的提升会带给你对生活的掌控感。

2. 冥想。时常以多种方法冥想。人们对我说，他们想练习冥想，却无法坚持去上冥想课。他们觉得冥想课无聊，无法忠实地服从冥想技巧。我觉得很奇怪，不知道人们为何不主动对自己的精神性做些什么，其次就是人们为何对冥想的认知如此狭隘。

冥想的方法数不胜数。关键就是内观，用内在的眼睛看你的内部，既可以向内看自己，也可以看你大脑中出现的外部世界。这很简单。找一个安静的地方，放松坐下来，准备冥想的时间，可以不是很久，试着保持专注，闭上眼睛。你可以将注意力放在你的呼吸上，或你坐着的感觉、你听见的音乐、感知过的艺术或画作，以及自然景观。或者仅仅就是坐在那儿，不要被大脑中涌现出来的思绪分散注意力，但也不要将分心变为你一定要制止的事。如果这样做的话，会比分心还糟，因为你的心乱了。尽量去感觉自己，平静下来，保持向内看的注意力。

3.在大自然中散步。大自然是通向无极永恒的途径。你永远也无法完全懂得大自然，但可以将它视为通向永恒的桥梁。你也不需要很庄重，简单散步就好，但要将注意力放在大自然之中。你可以感到大自然的神奇，问自己一些超自然的问题，仔细观察你看见的一切。

4.记录你做的梦。我的大部分工作和老年人的梦境有关。他们的梦境通常逻辑混乱，甚至连做梦者本人也觉得矛盾重重。这种梦促进你思考，带给你新的视角。当然，如果想从梦境里得出有用的信息，首先要有技能，懂得分析梦里出现的画面。如今没有多少人去学习这些技能了。我研究了很多有关分析梦境的书籍，但感觉梦境分析这一领域需要它自己的一套体系和书本。

梦境分析是精神生活的一部分，因为这是一种日常练习，你在试图理解你的梦的时候，就是在试图理解你的经历中无法说得通的地方，这可以让你去理解是什么神秘力量造成了你的这些经历。梦将你带入你的潜意识中，带给你醒悟，激起你的想象力。你在日常生活中的知和觉是残缺不全的，而梦将潜意识里的知和觉带了出来，从而补充了那份残缺，使你获得完整的知和觉的领悟。

因为梦带给你“他者”之感，那是你从未意识到的各种自我的“叠加”，甚至会带给你神秘的时空的“叠加塌陷”感。梦对精神生活至关重要，使精神生活更贴近灵魂。

5.为世界服务。在成为长者那一章节里，我讲述了作为长者可以如何帮助他人。但是我们也需要理解，帮助他人也是精神生活的一部分。在任何一个信仰传统里，你都会发现功德的存在。

在佛陀的一生中，冥想和功德密不可分，《道德经》也强调心怀天下，但不可以有英雄主义情结或操控的野心，穆罕默德的教义倡导为人们做出他们需要的服务。

甚至是那些非宗教领域的精神导师，如爱默生和梭罗，也致力于政治的改革，反对奴隶制。梭罗和他的家人帮助北方的奴隶逃到了加拿大，爱默生虽然刚开始对政治不感兴趣，也发表了一些反对奴隶制的演讲。

不身体力行地践行，你的认知便是抽象的、理论上的，它们也许是你知识体系的一部分，但没有反映在你的行为上。当代伦理家也许会说，实践出真知，或实践是检验真理的唯一标准。

6. 研究精神理念的精华。几个世纪以来，研习是精神生活的一部分。如今，你很少听见人们这么做。研习精神理念是为了提高"灵商"。当代人的灵商里最弱的环节是缺乏贡献、投入、实践，以及向精神导师学习的意识。灵商的提高来自专注的研习。比如，隐修制度的历史主要是关于书籍的研习、各种思想流派以及思想运动的产生。老年是重返精神性，提高灵商的绝佳时机。

也许到了老年，你的求知欲反而更加旺盛，你可以专注地投入学习中，这份专注会在很大程度上让你忽略自己的身体状况。是的，记忆力的退化会是个问题，但大部分人依然会在自学精神知识中发现充实的快乐。

我发现在当今时代，人们缺乏分辨真伪的能力，也分辨不出谁是最好的导师。人们经常告诉我，他们需要鼓舞，需要能够让他们兴奋起来的导师。而这种导师很多。对此我不知道该如何回答：对我来说，这很明显，好的理念带给人的不是感官兴奋刺激或娱乐。这很重要。

当我写书的时候，我会求教于荣格和希尔曼的高深作品，阅读古希腊语或拉丁语文本，参照古人思想观来看待当今思想意识形态本质，而不仅仅是其外在表现形式。这些研究加深了我对某些关键思想的理解，比如对信仰和原谅的理解。如果当代作家没有经过慎重深入学习，就对某一领域或思想进行自以为是的评判或发表意见，那么我对他们的作品是不会感兴趣的。

我最喜欢的当代灵性文学作家恰好是爱尔兰人：马克·帕特里克·赫德曼和约翰·莫里亚蒂。以及其他人，比如琼·齐蒂斯特和大卫·怀特，他们都在爱尔兰停留过。他们都是学者，从象牙塔里走出来，和普通人进行对话。我也喜欢约翰·韦尔伍德、简·赫斯菲尔德和约翰·泰兰特的作品，而且拉比哈罗德·库什纳和拉比劳伦斯·库什纳对我的影响也非常大。当代心理学作家我喜欢诺利埃·霍尔、罗伯特·萨迪洛、帕特里夏·巴里、拉斐尔·洛佩斯－佩德拉萨、玛丽·沃特金斯、阿道夫·古根博－克雷格、吉内特·帕里斯和迈克尔·卡尼。

这世界需要精神性

　　精神生活源于对世界灵魂以及万物的理解。这种生活使你能够不拘泥于万物的表面现象和现实存在，从而看到万物的心跳，能够在深度同感中对万物的经验和需求心有灵犀。精神性就是超越，不是超越成为远在云端之上的神，它是一个过程，即逐渐超越一个有限的自我以及一个有限的世界的过程。它意味着开拓你的大脑，这样你才能跳出自孩童时代初识世界的认知局限，达到一种总是不断在探索发现的境界。如果你没有好奇心，你就不会具备精神性。精神信仰传统和练习、精神导师和研讨班能够给予你帮助，但是你最终得靠自己去创造一个独特的精神生活方式。没有人可以为你做这一切。它也许需要终身的时间，这样在老年时，经历各种尝试，犯过各种错误之后，你也许最终会感觉到你的精神性。错误意味着你有机会走向正确的方向。

　　你的精神境界和探索精神是逐渐走向成熟的，尤其是带着灵魂优雅老去的重要部分。这个过程也许会让你和当今时代的价值观分道扬镳，因为它们大都是科学技术文化"成就"背后的物质主义思想意识形态的产物，在这种社会里，甚至连宗教也变得商业化、物质化。老年人似乎比年轻人看得更透彻一些，也因此获得了一些思想上的自由，选择远离这个没有灵魂的社会。他们也许表现得不合乎常理，和时代脱节而毫不在意。他们也许利用自己年事已高的优势，不再在意他人的眼光，在精神上与时代思潮背道而驰，对物质主义的各种表现形式，如大行其道的商业主义、对物质生活的追求、忽略灵魂滋养的功利性的教育体制，他们嗤之以鼻。

　　作为老年人，我很高兴我不必花很多钱，愿意对坏了的东西修修补补，而不是买新的，即使我的编辑要求我出更多的书，但我更在意的是作品的质量，而非数量。我曾经被一所大学解雇，大部分原因是因为我传播的是精神生活，而非物质生活，或者，也许是因为我将超自然存在加入了我的教学内容。因为在我的精神知识体系里，厄洛斯这一人性中的神格和灵魂是伴侣。我宁愿写出一个完美的句子，也不想引用科学研究数据来支持我的观点。

　　在马尔克斯的那个长着巨大翅膀的老人的故事中，人们把老人当成"奇怪现象"，在其中发现商业价值，以此赚了钱后，就抛弃了他和他衰老的翅膀。这就是人们经常对待老年人的方式，这也许就是为何我们担心自己会老去。我们曾经嘲笑过老人，深知如果我们老了社会将会如何对待我们。

　　很多童话故事讲述了类似的故事，故事里的一家三口坐在餐桌上使用精美的餐具，舒服地吃饭，却用粗糙的木碗装食物端给祖父／祖母。一天，父亲问正在忙碌的孩子："你在做什么？"孩子回答道："我在做一只木婉，等你老了以后用。"当然，那天晚上吃饭的时候，那位祖父／祖母也用上了好餐具，坐在餐桌上和家人一起吃饭。

这是一个很简单的道理，如果你今天尊敬老人，你就不会那么害怕变老。但是如果你年轻时对老人没个好态度好脸色，你就会面临一个痛苦的晚年。

11月一个寒冷的午后，我和利兹·托马斯坐在诺尼斯小餐馆的餐桌旁聊天，这是新罕布什尔州彼得伯勒一个大家常去的地方。她说："老了就意味着，你就在人们眼皮子底下，他们却看不见。你站在那儿，他们和你身边的年轻人打招呼。你根本不存在。"

在回忆录《80后杂谈》中，唐纳德·霍尔讲了几个案例，探讨老年人是如何被当作无能婴幼儿，或隐形人，或两者兼之的。他说："当一位女士写信给报社，赞扬我做的某件事，她称我为'一位和蔼的老绅士'。她是想表扬我……但她那种疼爱的语气就好像我是一只小动物，可以被放在盒子里，任她抚摸我的头，听见我发出心满意足的呼噜呼噜声。"

我们需要看见老年人身上隐形的翅膀。这是他们的精神性，将会带他们在余生飞翔。他们数十年来的阅历，已经使自己进化。他们更像是天使，虽然他们嘟哝抱怨，脾气反复无常。他们的坏脾气意味着对这个没有灵魂的世界的不满。

我们应该尊敬老年人，他们经历了生活的考验，成为一个完整的人，有着前瞻性视野，以及不能用当下物质方式衡量的成就。我们也应该尊重自己，知道自己曾经的失败，也知道自己曾经走出安乐窝，去接受人生赠予的挑战和机遇。这就是走向成熟：成为自己，超越自己，变成他人不曾预料到的那种人。

第十五章

向死而生

永生不应该被看作死后继续存活，而应该是一个人持续为自己创造的一种境况，为了这种境况，人们一直在做准备，甚至从现在起就投入到这种境况之中。

——米尔恰·伊利亚德《神话、梦境和神秘》

人类漂泊在一个浩渺的神秘宇宙中，身处不可知的未知之中，而那不可知却是最重要的须知。未生之前，我们在哪儿？我们如何成为具有高级复杂情感的生物体？两具肉体水乳交融的结合之后有了我们的存在，身为凡胎，我们为何孜孜不倦地探索存在，以及生和死的意义？为何探索无限存在物的存在？为何我们在这儿？我们肩负什么使命吗？也许，最神秘的神秘之处就是，我们死后去了哪里？

你如何为日益逼近的死亡做准备？你如何看待死亡的意

义？你如何面对人死万事休的"无"？我们是否应该相信轮回说、极乐、最后的审判、升天、死后团圆？爱真的是永恒的吗？

成熟老去必经的历程之一就是死亡的到来。在任何一个年龄，你都可能忽然发现你会死，会觉得好奇，有了敬畏心。因此我们不得不问，有没有一种乐观而且睿智的角度，来看待生命之短暂无常？

如果，从某个角度来看，成熟老去主要是走向死亡，那么，我们需要面对这个无法回避的人类存在本质，也许我们需要用自己的方式参与其中。你能依靠谁去解决这一问题？你会相信谁给你的答案？你会相信谁在那时指点给你的方向？

和人生很多关键问题一样，对这个问题，我们首先需要从当今文化信仰中走出来。现在的世俗文化信仰对这类重大问题持否定态度。你也许要从你的宗教信仰所传递的幻想中解放自己。

一旦摆脱了文化物质主义观和宗教幻想对你的思想束缚，你就可以仔细去考虑和死亡有关的问题。如此一来，你思想开阔，并带着辨识的态度去审查各种可能性，你也许对生和死会产生自己的一套想法。你的想法也可以是暂时性的、不确定的。你也许会对自己说："我也不知道。我没有答案。但是反省后，我认为也许是这样的……"

你可以怀着希望，认为死后可以和家人朋友团聚，再续前缘。这种希望触动人心，带给人安慰和寄托，也鼓舞了很多人。或者，你很坦诚，承认自己对来生没有任何想法，而且这份未知不会对你现在的生活造成困扰，你以从容的心态去对待人都会死这一现实。但是，如果认为死后什么都没了，这是一种物质主义观。它排除任何可能性，扼杀了所有希望。

我前面提起过詹姆斯·希尔曼曾经在脆弱的一刻对我说的话："我对死亡的看法是物质主义观，人死如灯灭，没有什么以后。"

我对他的说法感到惊讶，他是一个如此睿智的人，写了很多关于永恒的话题，比如灵魂、精神、宗教，认为人不要只看表面现象，却在最后忽然变成了一个物质主义者。我知道他对万事万物的看法总是尽量避免感情用事，但我以为他已经对死亡有着超出常人的看法，不会如此片面，因为他对生活的看法就很不同凡响。

但是，不要误解我的意思，我并不是一个天真的信仰者，我并不想站在这一边，认为来生是极为有可能的，或制造一个幻想，来逃避人类的真实存在状态。对于所有事物，我们不应该先入为主，我们需要排空一切观点，然后去考虑一切可能性。

我尽量将我的观点表达得更清楚一些：我们可以承认自己对死亡和后世一无所知，保持思想开放，与此同时，在轮回和天堂这类说法中找到安慰寄托，以及指引。但我们需要对自己说："虽然我不是很确定这一点，但我愿意这样去想，轮回或天堂也许是存在的。这很有意义。"或者，你可以说："我认为轮回是对生死意义的美丽说法。"

有生皆会老和有生皆会死

衰老是个过程，在我们还未出生就已经开始，死亡也是如此。很多人认为人到中年是人生的转折点。我喜欢将整个生命看作一个生死同时发生的过程。你在爬山的那一刻即是你下山的时刻，这意味着，你可以以这两种心理来面对生活。生命的每一天在活着的同时也在死去。

这并不是悲观消极地看待事物，而是真实情况就是如此。如果你在生着的同时也在死去的话，你永远也不会对死亡的到来感到抑郁，因为你这一生都在这样过。那你将怎样在一生中经历着死亡的过程呢？

无数的"小死"

生活带来的"小死"就是这些：失去、失败、无知、挫折、疾病、抑郁——这些体验在某种意义上是"抑生"。它们暂停了或阻碍了生活进程，也是我们一生中都在经历的各种"死"。但在社会里，人们普遍对这些经历持英雄主义态度。这是一种面对"小死"的方式：我们试图避免它们的发生，征服它们，逃避它们，然后最终享有一个无忧无虑的人生。

另外一种方式就是接受这些经历，无须屈服，而是将它们全盘纳入生活的各种经历之中，将其当作人生的一部分，和好事一样，它们一起构成了你的生活。不要有分别心。你无须将这些当作敌人，英勇地去抗击。

曾有一位 50 多岁的女性找到我，非常焦虑，因为她的婚姻摇摇欲坠。她和她的丈夫都有过婚外情，对她来说，这意味着婚姻正在破裂。她希望我能帮她挽救这段婚姻。

但我能感觉到实际情况的复杂。而且，我认为，我其实挽救不了她的婚姻。也许分开的时候到了，至少这是最坏的情况。但我不知道。我不认为我的工作是挽救破裂的婚姻，我的工作是关怀人们的心灵。从灵魂角度来看的话，有时候，婚姻的破裂是件好事。

而且，婚姻的失败是对死亡的品尝，一个重大的结束。如果死亡，也就是婚姻的破裂发生的话，我不想成为那个拒绝它、只站在"生"的那一边的人。同样，我也不会站在她这一边，不遗余力地去保护她这段婚姻，我也许反而会加速它的结束。婚姻也许需要经历死亡通道，这对它其实有好处。努力去挽救破裂的婚姻的话，反而会把局面搞得更糟。

我不偏向于婚姻的破裂，但也不会一心想着去保存它。我持中立态度。来访者对我的态度不是很满意，因为她期待我能愤慨不平，和她一起拯救婚姻。然而，不知出于什么原因，她对我的中立态度也不是特别的不安。她默许了我的态度，并且认真观察我的反应。

最后，事情反而出现了好的转机，她的婚姻活了过来。

我没有明确地告诉她这一点，但在我的心里，我对她婚姻的
"生"的支持，和对她婚姻的"死"的支持一样多。我看得比
较长远，觉得她也许处于危机时刻，或面临着有重大意义的
启程时刻。如果她抗争婚姻的死亡，她就是在抗争生之过程
中的"死"。

　　她的"死"已经浮出水面，她需要做的是不要披上英雄的
战袍，试图去打败它；她应该去和"死"达成和解，不怕它，
也不使出浑身解数去抗击它，然后像一个经历过死亡的人一样
继续生活下去。经过这些之后，她会成为一个更深沉、更真实
的人，没有抵触心和分别心，成为一个对朋友以及孩子都有用
的人，而非一个肤浅之辈。在当今世界，你不会经常体会到这
种深邃的道理，因为社会文化总是想征服一切、控制一切，包
括死亡。

　　一生之中，死亡会经常以结束和失败的方式光临。优雅老
去需要我们将死亡纳入生机勃勃的生之过程。根据这一更宽泛
的死亡概念，你活出了深度，成为一个真正活过的人。这种比
喻性的死亡，其实是在为生命的终结做心理准备。如此，你会
优雅老去，在理解了死亡的动态过程后，你不会对疾病以及衰
老这些真正的死亡迹象感到惊慌失措。你也许会欢迎老年的到
来，对死神在你耳后的呼吸感到亲切。**因为死是生的一部分，
理解了这一点的话，你就会明白死亡的临近反而会强化生。**

生命力和长寿

生命的强度要比长度更重要。如果你的生活如同温吞水，即使你活了很久很久，那又有何意义？但是，如果你快乐而充满活力，即使生命短暂，你也许会觉得，你真正活过。生命的质量更重要。

在大学教书的时候，我经常接触伊丽莎白·库伯勒－罗斯的一个短纪录片。纪录片的背景是一个毕业专题讨论会，内容是她对一个癌症晚期患者的采访。患者是个很年轻的男子，面对死亡似乎很平和。毕业生认为这个年轻人是在拒绝承认死亡这一事实。但库伯勒－罗斯却不这么认为。

这个年轻男子以前在农场干活时意外受伤，但最后并无大碍。面对死亡的时候，他想起了这个事情，库伯勒－罗斯认为早期的这个经历使他对死亡有了心理准备。现在讲述过去的这个故事，其实是表明他看待自己的死亡这件事的立场。他认为他有过很好的生活，被癌症截短的人生并不完全是个悲剧。

他似乎对长寿并不是那么在意，认为活得有生命力才是更重要的。30 年来他的故事一直陪伴着我，每当我生病，或得悉一个朋友的离世，我就会想起他，以及这句鼓舞人心的话。我不是说他勇气可嘉，而是因为他能够完全接受生命里的幸和不幸，他拥有完整的人生。只有顺境没有逆境的人生是不完整的，反之亦然。

接触生命垂危的人，有助于我们面对死，以及生。生和死唇齿相依。当我的朋友约翰·莫里亚蒂因为癌症将不久于人世的时候，我在他离世前的几个星期去都柏林的医院探望他。从确诊到明白了死亡在即这段时期，他经历了抑郁和恐惧。当我见到他的时候，他看起来精神矍铄。尽管他体内的癌细胞已经全部扩散，但我依然能够看见他浑身散发着光彩，感觉到他的生命力。

我们深谈了大约一两个小时，在我准备离开的时候，他请求我为他祝福，我也向他请求为我祝福。我们用拉丁语举行了一个简短的告别仪式，这似乎带给我们宁静，我们都需要它。我一直记得他的祝福和光彩，当我一点点的"小死"不断，最终面对最大的那一个时，它们带给我勇气。

临终前的心理准备

从很多方面来说，死是一件很个人的事，面对死亡，每个人的态度都不一样。如果幸运的话，我们还有时间对人生进行反省，对它做出评估。那我们就是踏上了一个真正的新的探险之旅，而且是一个人。当然，如果身边有亲人，这会帮助我们度过这种变迁，但是，如果他们能协助我们将死亡之旅变成一种表达，展示出我们是谁，我们曾经如何活过，这将会是最好的事。如果可能的话，最好对他们说出，你想得到什么样的临终关怀。

死亡的临近可以是个精神性经历，虽然当代医学将此变成了一个医疗过程。伊万·伊里奇曾是个语出惊人的神父，也是个哲学家，他总喜欢说，他不想经历医学救助延长死亡的到来，他希望自然死亡。这是个很珍贵的主意，需要铭记在心。我们最终会疾病缠身，会被送进医院，然后死亡，但是我们应该尊重这一过程，将它视为一种精神性经历。如果你认为死亡属于医疗概念，你就是屈从于物质主义，认为死亡就是器官停止了工作，而不是非物质性灵魂生命的离去。

人们有时会问，灵魂会生病吗？灵魂会死吗？是的，灵魂会生病，也是死亡的主要构成部分，在一系列的过渡中，灵魂一直也在经历这一切。当詹姆斯·希尔曼得知他的癌症不可治愈的时候，他觉得，这似乎是"对灵魂的一个打击"。

为何这不是对生理系统的打击？或对自我的打击？因为灵魂是构成我们存在的最体己的元素之一，但它也是一个自身决定其存在的独立存在，有着自己的生命。灵魂的感受更多来自"主观我"，"客观我"的任何感受都没有灵魂的感受那么纯粹。但灵魂的感受又不完全是"主观我"的感受，它还来自灵魂本身。你能够感觉灵魂受到的震动，是那么的深刻，那么的彻底，以至于你无法去形容。

那么，我们怎样才能和灵魂一起死亡？

如果条件允许的话，你不会孤零零死去。你尽量和家人朋友多在一起，尽自己最大的努力修复曾经受伤的关系，避免不必要的冲突。

如果可能，用你希望的方式迎接死亡，也考虑那些爱你的人的感受。你包容而且大方给予，同时也有自己的思想，不完全服从他人的安排，你是自我的领导者，也是灵魂的倾听者。就如莫里亚蒂在《回乡之旅》中所说："你需要抛去一切思维定式，甚至是自我。"他又说："智慧具有照破一切的能力。"我会在此基础上再加一句：**"活着而不去回避死亡之味，就是超越现实中自我存在的意识。"你在这儿，还是不在这儿，你都在，你不生不灭，不来不去。你是万物万相，你与万物同体同相。**

要成为死亡之旅的设计者，你很可能需要早早做准备，最好是从你第一次感觉到生命在离去，你终将一死的时候，就开始做计划。想一想什么对你来说是最重要的。将你对死亡的想法和看法转化成走向死亡中需要具体去做的事。

早早做好准备，在生命垂危、大限已到之前，最好立好遗嘱。让人们知道在医护过程中你希望得到什么样的治疗和对待。写下重要的细节，比如你需要什么样的临终关怀，你需要知道你希望临终前哪个医生或护士在你身边。

在治疗和康复过程中，你喜欢听什么样的音乐？病房里需要什么东西或物件？你是否需要独处，也需要陪伴？是否需要艺术品摆在房间，给你提供心理安慰和鼓励？

死亡总的来说是个精神性过程。你也许想要强化以前一直在做的、或那些被你忽略很久的精神练习。也许这个时候你不应该再去考虑哪种神学观更正确，更适合你。你也许会接受以前放弃了的那些神学观，因为你想从各个角度开阔你的信仰，提升心灵依附感。

　　就我自己而言，当我出远门的时候，我随身携带我母亲的念珠串，这并不是说我重新拾起了孩提时代的习惯做法，这仅仅是因为，我好像是感受到了母亲强烈的精神性，我已经几十年没有做这些了。我觉得，将她的念珠串放在身边对我来说有种神奇的魔力。我希望临终前有几样父亲母亲的精神物件在身边。虽然我们信仰不同、做法不同，但他们是我的榜样。

哲学家的死亡哲学

　　柏拉图曾经说过一句很著名的话，他说，哲学家的深思包括为死亡而做好准备的思考。他们关注的是灵魂，而非身体，这样在临终前，在灵魂和身体分离的那一刻，他们将会到达归宿，而不会感到害怕。

　　我前面说过反省的好处。在反省的时候，过去的经历就会成为有意义的记忆，甚至带给我们启发，去寻求一个好的人生。哲学家的主要任务就是反省，将想法变成洞察，为更好的人生做准备。有些哲学家的思想也许很抽象，需要读者努力才能将他们的思想和人生联系在一起。但总的来说，哲学会让我们少做些功利性的分析，会带给我们一些形而上学的思考。

　　我们每个人都会从全面反省中获益匪浅，变得不再那么表象主义，从而更接近灵魂的内核。灵魂的内核不是脱离生活的，但却和生活有一定距离，为我们看待经历的方式提供一种视角。物质主义者只会从客观现实角度看待万事万物，因此想起死亡的时候，觉得万念俱灰。但是哲学家能够透过事物以及物体的外在性质，去看待无法通过感知而得到答案的问题，从而会从各个角度去理解死亡，他们认为从某些方面来说，死亡不是结束。莫里亚蒂说："你不必是个知识分子，也一样能成为一个哲学家。"

这也就是说，如果你对和灵魂一起优雅老去感兴趣的话，你不会只去阅读那些如何教你成功的书籍，你会阅读文学、哲学或神学等人文学科的书籍，这些会提高你的思考能力，使你的思想具有深度。我们经常对什么是神圣书籍做出划分，其实，好的文学作品也会带给你精神体验。我非常喜欢华莱士·史蒂文斯、D. H. 劳伦斯，以及艾米莉·狄金森的诗歌，它们是对我所阅读的经典文本的补充。

文学、音乐、绘画会滋养灵魂，将你的思想带入形而上学的领域，帮你理解生命的本质，以及那些没有科学的可证伪性的存在。这些会帮助你为死亡做好准备，时刻准备和永恒最终相遇，不管你是否有宗教信仰。

用艺术熏陶灵魂的作用和我前面提到的理念一致，也就是说，关爱灵魂的人看待死亡不会持物质主义观。他也不会千方百计地去想着如何才会不死、假装知道死是怎么回事、它的医学解释和原理是什么，但是他会心怀一个没有设限的希望，踏实安心地活着。

这个希望至关重要，但是需要注意的是，希望不等同于期望。希望是用积极乐观的角度看待问题，但并不要求有一个确定的结果，而且相信生活本质上是好的。并且你也不会将你看待死亡的观点强加到他人身上，和他人争辩。这种争辩是无意义的。但是你可以和他人交流你对生命的感触，说的话富有哲理，透露出你的精神性。这样你也许会得到一些支持，会获得他人对于死亡的看法。你永远不需要得到一个绝对的答案。

诗人和占星家

我生活中的感恩相遇之一是和荣格派占星家、诗人爱丽丝·O.豪厄尔的结识。爱丽丝想象力极为丰富，并且有过人的语言天赋。她热爱不列颠群岛，尤其是苏格兰的爱奥那岛。她有一些个人自创的小仪式，包括在"苏格兰圣餐仪式"上饮一小杯塔利斯克苏格兰威士忌，告别前给予每个人拥抱。另外一个就是她经常提起的"Aberduffy Day"，即她的死亡日。近30年的时间，我听见她多次说起这一天。她向死而生，我觉得她这种做法是她给予我的最好启发之一：活在当下，心系死亡。

当然，我们每个人都有一个死期，就如同生日一样。爱丽丝没有因为人终将一死而抑郁，她拥抱死亡就如同拥抱生命。我不是在说我们一生要不断地去庆祝死亡，而是将死亡看作一个过渡，一种人生仪式。

当我使用"过渡"这个词，我不是说死亡之后就是生。我不知道那边是什么样，但是我知道我可以带着"永生"这一希望活着。希望是个很奇怪的事。就如艾米莉·狄金森所说，希望就是事物千姿百态的可能性。希望是不知道接下来会发生什么，甚至也不期待事情会按照我们想象的那样发生。希望就是一切皆有可能，是对结局不设上限，我认为，这就是狄金森的本意。

这是诗人爱丽丝·O.豪厄尔的经典语录之一：

你什么也抓不住
松手放下
撒下来的是种子
落地生根。

总结

顺其自然，晚年优雅

怕死的人都是怕生之人。完全活着的人，随时都准备去死。

——马克·吐温

最后，应对衰老最有效的方式就是知道你是谁。不要去设想生命的另外一种可能性来逃避衰老。不要认为比你年轻的人过得比你好。不要去渴望青春再现。不要否认衰老的不好之处。做你自己，不要掩饰自己的年龄。

在任何方面都做真实的自己是生活原则。你也许希望，就如同我时常希望的一样，希望自己再多些音乐天分。你也许希望你的配偶是学生时代的恋人，而不是眼前人。你也许希望你晚出生 20 年，这样的话你现在还不是太老。所有的这些希望都是不会开花结果的幻想，你只是以此来逃避真实。这样的话，你就不能好好地生活，也不能踏入成为一个真正的人的过程，除非你先成为真实的自己。

这一原则也适用于疾病。在写这本书的时候，我和很多人就老化这一话题做过交流，刚刚迈入老年的人所表达的各种担心里，我最常听见的就是恐惧：害怕生病。生病是一个巨大的未知现象，它会降落在任何时刻、任何人身上。

但疾病是生命的一部分，只要活着，你就需要去接受生活带给你的一切。道理就这么简单。疾病降临到你头上，而不是其他人头上。这是你的疾病，它造就了你，就如同你所取得的成就造就了你一样。将它视为"上帝的意愿"来接受它，它是你的命，甚至是你形成自己性格的机会。

当我在好朋友詹姆斯·希尔曼家里，坐在他临终之前的床边时，护士们来他家为他做医疗护理，他没有一句怨言。他从没说过他希望能够避免这一劫。他也未曾表达过对任何医生的不满。至少，我没有听到他说过任何悲观消极的话。

当我在都柏林的医院里，坐在好朋友约翰·莫里亚蒂的床前时，他刚好几分钟前得知自己身患无法治愈的癌症，但他没有不安，或希望命运不要那么残忍。他用了将近一年时间才接受自己的疾病，最终将它当作生活的一部分。道理就是这么简单。

你的命决定了你是谁，天命不饶人。衰老和疾病一样，造就了你。人们想要知道你多老了，这样他们就会对你更多了解。真正的活着，意味着你接受你的生活你的命，老了就是老了。

如何告诉他人你的年龄

老了就是老了意味着让人们知晓你的年龄。人们也许认为你比实际年龄年轻，可你也将错就错，不去更正。也许你不想告诉人们你的真实年龄，那你就错过了做你自己的第一时机。年龄并不是一个抽象概念。你实话实说，让年龄成为一件真实的事。此刻我需要大声清楚地说："我 76 岁。"

人们也许认为你比实际年龄年轻。如果你对他们说实话，他们也许就对你不再那么感兴趣，因为社会总体上来说是歧视老人的。但那就是真实的你，属于今日社会不怎么珍惜重视的一个类别，迎合他人而去掩饰自己的真实年龄的话，你就是在和他人一起排斥自己。如果你能够认可自己的年龄，人们就不能用你的恐惧操控你。人们无法威胁一个不怕被威胁的人。

你可以试着去改变社会对老年的污名化，但即使如此，你仍然需要做真实的自己，不要让你的反污名化斗争变成对自己年龄的个人防御。你能够将这几件事同时一起做：抵制歧老现象，试着去感觉自己的年轻之处，做这个年龄真实的自己。

接受你的境况的真实状态，包括你的年龄，不要带着抵触心或希望自己身处另外一种境况，或对造成今日境况的原因感到后悔惋惜。正视这个年龄，尽管它有各种不尽如人意之处，但不要以此为借口而萎靡不振，或放弃自己。这些是逃避现实的消极做法。相反，你应该以某些平和的方式去承认你生活的真实情况。

圆中间的空心

你需要持这样一种态度，一点儿也不否认，也一点儿也不放弃。这就好像一个清静无为的圆形空心，这儿几乎没有情绪涟漪，带着这种心态，你接受正在发生的事情。不抵抗，接受，放下，然后继续前行。一旦你达到了这个境界（当然，这也许需要花很长时间），就意味着无论心头有何种情绪，你自巍然屹立，该做什么做什么，以不变应万变。

对我来说，我需要做的就是这样说："我现在76岁了。"我也许有时会觉得自己才40岁，但是在这关键的一刻，我需要忘记40岁，接受自己的实际年龄。我希望自己更年轻一些，而且这希望对我的幻想生活很重要。但是在当下接受自己真实年龄的这一时刻，我忘记放下自己的这些希望。

把注意力放在真实的情况上，而不是你所希望的某种情况，这不是你在某一刻去做的事，而是一个永久的以静制动的基本立场，这也是优雅老去的超脱心态。在《禅者的初心》这本书里，禅师铃木俊隆将这一点讲得格外清晰："真实存在来自于无，心每时每刻都是无的状态。无中生有。"他将这种"无"称为"真实自然"或"柔软而有弹性的思想"。

我对他这一理念的理解就是，当你带着随遇而安的心态去经历一切的时候，你就是一个真实自然的人。这也就是说，你没有用某种解释说明或防御机制，去修饰或美化自己的境况，去获得一种心理平衡。你不会去说："我 76 岁了，但我觉得自己很年轻。"你实事求是地说："我 76 岁。"达到这种平和心态并不容易。人们在谈起自己的年龄时，往往会用各种不同的方法，来减弱他人对自己真实年龄的关注，以此来回避现实。

一个人会这样说："我 50 岁了，但按照这个时代的算法，我还是年轻人。"是的，和老年人比起来，是年轻，但是多大就是多大了，无须加修饰语。另外一个人说："我马上就 30 岁了，正是盛年。"是的，我的朋友，但是你也在变老。"我刚 65 岁，一把老骨头啦（大笑）。"是的，但是弗洛伊德会说，你的玩笑是种心理防御机制，一种试图远离老迈现象的紧张做作方式。

《道德经》说，万事万物依循自然规律运行，施加干涉只会阻碍它们的进程。

让衰老按照自己的规律发生。不要干涉这一进程，哪怕出于最好的动机。通常来说，好的意图反而会使人分心，是种干涉。我们的干涉阻碍了生命的自然进程。如果生命受阻，就如同河流被堵塞一样，混乱或旋涡就会出现。很多人经常犯的一个错误就是抵制生活的真实状态，我对此的定义就是"神经官能症"，这也是强迫性焦虑症的根源。

对于衰老，我经常被夹在两种观点之中。第一个是指你应该诚实地认可，接受老迈之苦楚；第二个是你应该尽自己最大努力去让自己年轻，不要向年龄投降。其实哪一种立场都不是柔软而有弹性的，哪一种都不自然，心态不是真正的空。我的理解是二者相结合，达到一种平衡。

你可以采取禅宗和道家的方法，接受衰老，不要有评判心、分别心，以及抵触心。打个比方说，你内心有一个老人世界，它的中心应该像一个空圈，因为你心无杂念地接受认可这一事实，即我76岁了，保持这种空杯心态，在此基础上，你立足于现状，顺势而行，去做你该做的事，来保持你的年轻精力，不去向衰老屈服。因为接受就意味着不抵触、不挣扎，在这种心态下，你可以对年轻人的年轻怀有羡慕的想法，可以有各种小愿望，但不会有悲观悲哀的感觉，总会回到现实中来。这个空心状态会让你有自由满足的心境，不会去走极端，不受不切实际的做法或想法的奴役。对现实的认可接受是做一切事的先决条件。

让我们将此称为"优雅老去之道"。这也就是说，**我们的一生应该秉持一颗清静无为之心，依循生命的规律，在任何时候，都做我们自己，如此方能晚年优雅。**

你可以依照这一原则来观察自己的内心：**简单诚实地接受自己的年龄，不因年老的到来而害怕、逃避或反抗，你就会拥有保持年轻的自由。在衰老的时候依然保持年轻是晚年优雅最大的秘密。**如果你既不向衰老屈服，也不去为了摆脱衰老而想方设法地留住青春，而是既不排斥衰老也不偏爱青春，你的心就不会受制于任何执念。完全接受自己的真实年龄是一个开端，做不到这一点的话，你就会以不符合生命规律的方式去保持年轻。让我再重复一遍：保持年轻需要你首先接受自己的年龄，而且不要因为年老就自暴自弃。

韩国艺术家朴光珍，赠送给我一幅画，它在我家里挂了好几年了。在那幅画里，空心是位于一个正方形之中，这个正方形代表具体生活的内容，连接正方形四角的线条表示我们实际的生命局限性，空心代表禅宗的清静无为和道家的顺其自然，这就是你走向衰老应该具有的核心观。这幅画带给我们的启发就是，**应该以"空"的态度去实现一个"满"的人生，无为而无不为，以无为作为核心观，但在岁月催人老的压力下积极生活**。一旦你理解了这一点，任何时候都不晚，你现在就可以这样去做，将接受你现在真实的年龄作为无为而无不为的开始。只要你尊重自己的年龄，从无为的心态出发，在局限性中去充实你的人生，衰老带给你的烦恼痛苦自然就会得到解决。

几十年以来，我自有的一套禅宗自然之道一直是我的生活准则——我知道，你不适合像我这样做。但是我自己的禅道里还包含我的一个哲学理念：我们的各种情绪都是非常珍贵的东西，是我们感受好和坏的体验。当我们面对衰老，内心无法生出清静无为、顺其自然的心境，而是产生恐惧时，我们的空心就会被蒙上雾霾，这会将衰老的过程变得复杂。如果是这样的话，我们可以对自己和他人讲述我们对衰老的各种体验，回忆亲朋好友衰老时的生活，在反省中，形成自己对时间以及自身真实身份的看法。恐惧不是坏事，而是我们去认识自己的一个契机。

不要忘记这一点：如果对衰老和死亡的恐惧情绪填满了那个空心，这是解决问题的开始。不要否认自己的恐惧和挣扎。从这一点着手面对自己的内心，这也许是进步、变好的开始。关键是不要沉浸在黑暗情绪中，束手待毙，自怜自艾，不要被恐惧攫住你的心灵。接受认可它，然后放下。

顺应天命

我到了这个年龄时，心里经常会出现的很多感慨之一，就是意识到衰老的来临带来的悲伤情绪，因为我无法像过去一样计划将来。我听见年轻一些的朋友们从现在开始为 20 年后的目标做打算，而我知道这与我无缘了。我注意到一本书的出版需要花费很长时间，我感到很沮丧，因为我觉得我没有时间去浪费了。我对天命心有不甘，有抵触心、抗拒心，而我也只能承认去日无多这一现实。

这些思绪促使我重新定义时间感，让它和我的年龄保持协调一致，顺其自然地生活。再一次，无为而无不为的禅心回到我心里。我也许允许自己去幻想自己依然年轻，有更多时间，因为这样做会让我更加珍惜现在。也就是说虽然有着这种逃避主义思想，我依然对年事已高这一现实做出积极回应和思考。如今我可以和余生相安无事和平共处。或者，我也可以像荣格建议的那样：将我的生命设想为几百年之久，继续做我应该做的事。我认为，这两种方法其实最后产生的是一个结果。

我一直记得著名艺术家路易丝·布尔乔亚的几句美丽深奥的话。她终生没有停止过工作，至死方休。在她生命的最后一年，也就是98岁时，她写道：

永远让我受制于

这份负担

将永远不会

让我自由

约束和负担是现实生活的前提，让你在有限的自由里尽情发挥你的创造力。从这一角度看去，约束反而是一种自由，如果你不受制于这份约束，你也将不复存在。而且如今，在我写作的时候，我感觉更加自由，不再像50多岁那样担心被人批评和评价。我喜欢40多岁的我，但那时我的心态不像现在那么自由，不能完完全全在做自己。

路易丝·布尔乔亚没有像当代人一样否认古典心理分析法，或嘲笑弗洛伊德。在一生中，她总是回忆孩提时代，从中寻找艺术灵感和素材。在这一方面，她给我们提供了极好的榜样。当我们老去的时候，我们会以新的视角看待童年时代以及早期的经历，对那些记忆进行筛选，不停地加工提炼这些基础材料。孩提时代的各种记忆细节是原材料，我们因此长大成熟，在老年时更加丰富深邃。这些童年记忆在我们老了时也许会变得更鲜明、更有意义，促使我们去反省过滤它们。这样做并不是为了理性地了解自己，而是为了在后半生实现你的潜能。

不要在回忆往事的时候沉浸于悲伤中不能自拔，用后悔来鞭击自己，或为自己没有做得更好而去惩罚自己。你将所有这些痛苦的回忆放入无为的禅心之中。无为即放下、即空，如此你才能优雅老去，于无中生有。如此一来，你生活里那些曾经痛苦的记忆就不再具有痛苦的成分，或对你产生影响。因为你决定接受它们的存在，并且不对它们做出对抗回应，这种无为吸收化解了它们所能产生的负面力量。

很多人，都带着早期记忆的包袱，从一份工作走向另一份工作，从一段关系走到另一段关系，如此十年又十年。我们不需要从这份包袱中解放自己，而是要为它们的存在感到高兴，因为我们不断地对它们进行加工，对自己更加了解，这使得我们的人格更健康，生活更有意义。

我遇见很多被记忆的包袱压垮了的人，他们在早期或经历过创伤性经历，或经历过毁灭性谩骂指责。他们不知道自己是否会从这些阴影中解脱出来。但路易丝·布尔乔亚的话一语道破天机：永远不要希望从这负担中解放出来，这是你独一无二的生活。它是你的生命养料，无比珍贵，因为这是你独有的，哪怕它是苦涩的。

在这儿，我们还可以体会到禅心之空的另外一个方面：它不但是空的，还是自然的，这应该是自我中心的核心本质。希尔曼，这位对我影响至深的好朋友，不喜欢自我中心的这种核心本质。他认为自我中心的核心本质和灵魂一样是多样性的。但对我来说，自我中心的这种空的核心本质加深了我对灵魂多样性的珍惜。

这一点可以从《道德经》的另外一个理念来理解：

一个轮子的 30 根辐条汇集到中间的一个孔洞中。

但是如果没有中间这个孔洞的空心，轮子不会运转。

辐条就像朴光珍送给我的那幅画中的正方形和圆形，轮子中心的孔洞就是那幅画中心的空圈。有自无中生，有空才有活。这就好比，你需要从思想和行为上都去努力保持年轻，但你需要有一颗随时会接受、对一切敞开、摒弃一切成见的清静空心，这才会有可能实现。

凯向我讲述了她痛苦的童年。她的父母脾气暴躁，一触即发，无论是做事还是说话，都深深地伤害了她的自尊心和自信心。总之，在他们眼里，她一无是处。如今，她已是个成人，但这些经历缠着她，她从来没有实现过任何目标。

她说：如今我 50 多岁了，自己对活着感到绝望，也许将在遗憾中度过这一辈子。

希尔曼说，创伤是一个影像，并非仅仅是过去的一段历史。它留在我们心里，成为包袱，带走了我们的希望。

我认识凯很多年了，我知道她的痛苦，也了解她的情商和灵商。她在感情上受过挫折，但是和我认识的很多人相比，她的精神境界相当高，所以我不太为她担心，虽然我很希望自己能够帮她不再痛苦。她很值得同情，但她的痛苦过去并没将她彻底击垮，反而让她变得很坚强。我很想知道，她是否有勇气归零，走到那个自然柔软的空心之处，那是一个不需要治愈和改变的地方，放下一切心理包袱。但在生活中，我们大部分人会背道而驰，以逃避的方式，朝着与空心相反的地方走，来治疗心理问题。这就等于远离自己，而不是走近自己。

很明显，年龄对她来说如今是个问题。现在她不确定自己是否还有时间化解掉生活里不幸的一面。其实，她一直在这样做。她的灵魂和精神状态都非常好。但是她的生活没有跟上来。我希望在将来几年，她能够化解那段历史。而且我相信她可以做到。她有决心、毅力，以及智慧。如果没有这些优点，我认为她也许在治愈的过程中坚持不下来。

老年时的主要任务就是完成时间的圆环，以及人生的进程。这个圆环有时被称为"乌洛波洛斯"，即衔尾蛇之意。对荣格来说，这是炼金过程的本质，我们一生所要做的，就是从原生家庭因素以及早期经历赋予的所有原材料中，打造出我们的灵魂，去回归自我。我们去吃我们的尾巴。也就是说，我们回归原本的自我。在成熟老去的长途跋涉中返璞归真，可以解决老年的问题。

我的结束由我的开始决定。炼金方士和赫尔墨斯经常使用的这个图片就是生命的奥秘：这条蛇形成了一个美丽的圆环，它的嘴巴大张，正在咬自己的尾巴。开始总是会出现在现在，在一生的每个时刻，即以记忆方式存在，也以当下的某个方面存在，它们一起塑造了自我。那么对老年而言，就是说，去咬我们的尾巴，从原本的自我中汲取养分，不仅仅会使青春的我们和老去的我们同在，而且使一生中的每个时刻都和我们同在，尤其是那些形成了自我却似乎被遗忘的时光。

修复分裂情结，收获优雅晚年

一位叫苏珊娜的女子来到我这儿进行心理治疗。她来我这儿是因为她对自己的工作不满意。她的工作到了瓶颈期，在那个学校她既是老师又是辅导员，她不想在那儿了。一开始，她对自己的了解和自信沉着给我留下了深刻的印象，我对这位不同凡响的女性感到很好奇。她的美让人舒服，而且和她相处也让人很舒服。

在第二次治疗课上，她的故事开始有了很多不协调的混乱之处。她对自己的生活完全不满意，我看见了她情绪中的不稳定之处，了解了她对未来的计划。她原来不是我当初认为的那样沉着冷静。

苏珊娜即将 50 岁，她对此感觉不安，觉得自己需要做出些什么改变，虽然应该往哪个方向发展，她也没有很明确的主意。对我来说，她根本看不出来像是奔五的人，我奇怪她人格里的这种年轻是从哪儿来的。也许她依然困在某个年龄段，或者她的青春依然活跃在内心，为她服务。

　　首先浮现出来的一个问题听起来很简单，但我认为这是决定她快乐的关键。她很害怕让他人失望。她需要让人们觉得她是一个善解人意、温柔甜美的女性。我们就她的温柔甜美进行了探讨，因为那不是她发自内心真实的一面。她告诉我，有时她会说些难听的话，然后别人就会很受伤。他们很吃惊，一向轻声细语的她居然会如此恶毒。

　　我对她说这是怎么一回事：她的温柔甜美只是心理情绪的片面现象，会自动甚至是强行地出现，但是因为它的不真实性，所以另一种极端现象会控制不住地出现，即她严厉苛刻的一面。这种情绪的分裂意味着一种复杂情绪，它使得她既无法在生活中感知到快乐，也无法具有个人自主性。其结果就是，她被这两种情绪特性摆布。

　　接下来发生的事虽然不具有重大意义，但也很有趣。在她离开时我对她说："如果下次来你告诉我你做了一个关于卫生间的梦，我是不会吃惊的。"

　　确实如此，很快，她再次出现时，一脸不可置信的表情，问我怎么会知道她将会做这样一个梦。她说这很尴尬，然后对我说了关于粪便的梦。表面温柔甜美，但另一方面却控制不住严厉苛刻的人就会做这种梦，很多人都对我说过类似的梦。通常，做梦的人在卫生间里，马桶里的脏水涌了出来，做梦的人不得不从脚底下一片污秽中捡起某个有价值的东西。在苏珊娜的梦里，她沾染上了粪便，感到浑身被污染了，非常尴尬。她不想被人看见她的狼狈样子。

　　我将这种梦视为一种启程之梦，一个转折点，就是说，她被要求正视自己令人厌恶不堪的一面——即她内心里其实想要对他人说不，想要成为一个更坚定的人。我觉得，如果她从现在开始正视自己的真实需求，她将会有所改变。也就是说，她表面的温柔甜美将会成为真正的善美，而她的严厉苛刻将会变成一种能力，使她能够在需要说不的时候能够说不。梦境里的卫生间是她做出转变的完美通道。

　　这个启程发生在老去的过程中，苏珊娜马上就要 50 岁了，更年期的迹象也出现了。这是一个极好的机会，穿过一段人生旅程，成为一个更完整的人。她的梦，虽然很恶心，但却让我看见了希望，即她将会开始改变。如果她不改变，她只不过是在老去，但并未成熟。但我相信她对生活的渴望，也期望她成为一个更有智慧和行动力的人。

　　在后面的几个月，苏珊娜的确在生活中做出了很显著的改变，然后我看见神秘的炼金术改变了她展示自我的方式。她辞去了没有前景的工作，换了一份更适合她的才能和性情的工作。在这个领域，她用写作和有着个人风格的教书方式展示自我。做出了这些改变后，她的说话方式也发生了改变。她依然带着少许不必要的温柔甜美，这说明她还有一段路才能质变成一个智慧真实的女性，但是她在朝那个方向进步。

　　优雅老去意味着需要面对某些长久以来的冲突矛盾之处，对造成不快乐的原材料进行加工提炼，将它们变成性格力量的提纯材质，以及自我意识。这也许需要你进行一段时间的自我审查，有勇气做出改变。

当我和苏珊娜谈论她的梦时，父母的形象出现在她脑海里。她看见了自己的冲突根源。她明白了，在自己的生活里，母亲没有解决的问题以及父亲的不耐烦，都是造成她分裂情绪的原因。她分析了自己的很多决心和希望，发现它们需要被实现。在我看来，苏珊娜在走向成熟，成为一个真正的人，她永恒的灵魂和她的人格，以及生活方式，三者的步调正趋于一致。

优雅老去是种挑战，不是一个自动发生的现象。你经过不同的旅程，从一种状态到达另外一种状态。面对挑战的时候，你选择挺过这个困难，而不是逃避它。你做出选择，加入这个过程，积极参与其中。

通常，这个过程需要你再次与残留的青春会面。这也许是时间放下未了之事，对往事释怀，是时间敞开心怀，畅抒胸臆，和过去和解，接纳一切。结束的时候早已由开始定好，蛇头吞蛇尾，衔尾蛇吞食它的另一端，在时间运转中形成一个完整人生之圆。

优雅老去是一个坚毅坎坷的过程，在其中，原材料和性格特质打造出了更完善的真正自我。你不再是一块璞玉浑金。你的心理冲突以及矛盾变成了你的性格力量、你生活方式的独特之处。你重新看待衰老的意义，不再将它当成是越变越老，而是越来越好，你在成为一个真正的人，在反省经历的时候，你的潜能终将显露。

　　我不是在说你应该活在当下。那是另外一个理念。我是在建议你认可接纳自己，向他人展示真实的自己、真实的年龄。简简单单说出具体数字，是多大就是多大。不要添加任何修饰词。不要使用"但是"和"如果"这类防卫性词语去为自己的真实年龄进行伪饰。然后你就具备了深化自己的开始。灵魂这个词在古代传统里始于呼吸，你的灵魂是如同你的呼吸一样的存在。然后它会变得越来越复杂，但总是和你密切相关。你可以感觉到你体内的年轻精神，并对它进行培养。你可以希望自己年轻一些，有一个不同的将来，但你首先得忠实于自己的实际年龄。忠实于自己的年龄，将避免你陷入心理强迫陷阱，因为你企图让自己看起来年轻，表面上看起来你是积极抗衰老，实际上是拒绝承认自己的年龄，拒绝面对现实。

　　做到这一点的秘诀就是一定要区分这两个不同之处：什么是你希望的情况，什么是你真正的情况。希望会是对真正的自己的拒绝。这会使你远离自己，远离你的灵魂。很多人因为希望不要老，从而荒废了老去的积极有利之处。

　　当然，有一个地方可以安置你的希望。希望你更年轻一些，说明了你对生活的热爱，你希望生命永远不会结束，或至少你希望你离那一天还很远。强迫焦虑性希望和热爱生活的美丽希望之间是有区别的，你需要知道这一点。当我们为老去感到悲伤时，这通常是因为我们对生活的热爱。我认为将死亡看作不可避免之事，是很好的成熟心态，但我也认为努力好好活着，不要因为衰老就放弃生活，是非常值得的。

是的，我们在最后面对的就是矛盾中的矛盾之处：你拥抱老年，带着一份恰到好处的忧郁，你才会优雅老去，但与此同时，带着所有你可以掌控的快乐，选择向死而生，或向着永恒而生。你需要知道，你不是你的身体，不是各种经历的总和，你不是你认为的那样受制于时间。你有一个灵魂，这是生命力之河，你的生活流淌其中，这是一个支流，它通向一个更伟大的灵魂，即世界的灵魂。你的灵魂在每一刻你经历过的时间里，但它也是永恒的。你需要学会在两个地方活着。正如费奇诺所说：**"灵魂的一半在时间里，一半在没有时间的永恒里。"**

《我们内心的冲突》

[美]卡伦·霍妮 著

每个人都有内心冲突，但什么样的冲突会导致心理疾病呢？这些冲突是如何形成的，怎样才能从这些冲突中突围呢？本书是世界著名心理学家和精神病学家卡伦·霍妮的代表作，导读则是在中国享有盛誉的资深心理咨询师、畅销书作家武志红。

《我与你》

[德]马丁·布伯 著

《我与你》是二十世纪最伟大的哲学家之一的马丁·布伯的代表性作品；武志红老师主编和精彩导读。武志红说："一直以来，对我影响最重要的一本书，是马丁·布伯的《我与你》。"

《恐惧给你的礼物》

[美]加文·德·贝克尔 著

一本心理学奇书。用惊心动魄的故事，凝视人性的深渊。教你依靠直觉，瞬间看透人心。这本书是每个人必备的生存手册，是加文·德·贝克尔亲身经历和丰富经验的真实总结。它史无前例提出的危险预测法，在关键时刻可以救你的命。武志红老师主编和精彩导读。

《自卑与超越》

[奥]阿尔弗雷德·阿德勒 著

《自卑与超越》是个体心理学的先驱——阿尔弗雷德·阿德勒的代表作品，是人类个体心理学经典著作。
武志红老师主编和精彩导读。

武志红主编

可以让你变得更好的心理学书

《乌合之众》

[法]古斯塔夫·勒庞 著

《乌合之众》是群体心理学的巅峰之作；弗洛伊德、荣格、托克维尔等心理学大师，和罗斯福、丘吉尔、戴高乐等政治家都深受该书影响。

武志红老师主编和精彩导读。

《这样想，你才不焦虑》

[美]亚伦·T.贝克 [加]大卫·A.克拉克 著

认知心理疗法的权威作品，让人们远离焦虑困扰。

武志红老师主编和精彩导读。

《心灵地图》

[美]托马斯·摩尔 著

这是一本影响深远的书，将告诉我们如何在阴影中行走，它补全了我们失落的一角。

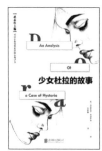

《少女杜拉的故事》

[奥]西格蒙德·弗洛伊德 著

《少女杜拉的故事》是弗洛伊德将精神分析和释梦理论运用于实践的经典案例。读这本书不仅可以领略到精神分析强大、诱人的魅力，还可以从中寻找到走出原生家庭，获得治愈的路。

《每个孩子都需要被看见》

[加]戈登·诺伊费尔德 [加]加博尔·马泰 著

本书从父母与孩子的依恋关系入手，深入剖析不健康原生家庭是如何伤害孩子的，并提出原生依恋关系的6种建立方式。知名心理学家武志红主编并作序推荐。

《晚年优雅》

[美]托马斯·摩尔 著

心智不经磨难，就不会成熟；灵魂不经淬炼，就不会呈现。而《晚年优雅》这本书，让我们看到了变老的另一种模式——接纳变老的事实，让灵魂经受淬炼。

畅销书《心灵地图》作者托马斯·摩尔的又一部力作！武志红老师主编和精彩导读。